ウサギのきもちと病気
その対処法がマルわかり

ウサギの看《み》取《と》りガイド

増補改訂版

監修／田向健一
田園調布動物病院院長

X-Knowledge

はじめに

本書を手にとってくださった方は、ウサギと出会い、楽しいときを過ごし、別れを考えるようになった飼い主の1人でしょう。

ウサギは人よりはるかに早く老いていきます。体調が急変することも多い生き物なので、幸せの中に少し不安を感じる日々を送っている方もいるでしょう。最期のときがいつ訪れるかわからないからこそ、「看取り」の心がまえを持つことが大切です。

ウサギの平均寿命は約8年です。わずか8年と思うかもしれませんが、その一生は人の80年に値します。また以前は5歳になったら「老年期」という考え方でしたが、動物医療の進歩や飼い主さんの手厚いケアによって寿命も延び、最近では7歳を超えたら老年期だと考えるようになってきました。

高齢のウサギにあらわれる病気には、症状が急変する急性と、ゆるやかな経過をたどる慢性があります。本書では、どちらかの病気が見つかったときからお別れのときまでを「看取り」の時期としました。よい終末期を迎えられるように、健康チェック、毎日のケアから、最期の迎え方まで、さらに病気のリスクを減らすことを考えたリスクヘッジのための手段や、寝たきりになったときの対処法なども具体的に解説しています。

別れが近いとしてもできる限りの医療を受けさせたい、と飼い主は願うことでしょう。しかし、寿命は自然に訪れるものなので、静かに受け入れることが必要なときもあります。飼い主の自己満足ではなく、ウサギが幸せな終末期を迎えられるように考えましょう。

すべての飼い主とウサギが、幸せな時間を過ごせるように、本書が少しでも役に立てば幸いです。

ウサギの健康を守る10の約束

1 ウサギは人より何倍も早く一生を終えることを知ってください

7歳以降は老ウサギ期なんだよ。僕との時間を大切にしてね（P18）。

2 動物病院の健康診断を受けさせてください

7歳からは半年に1回、検査に連れて行ってね。自宅で行う毎日のチェックも重要だよ！（P32）。

3 つらさを我慢していることに気づいてください

僕たちウサギは人間に弱さを見せないんだ。でも、飼い主のあなたは僕の苦しみに気づいてね、約束だよ（P50）。

4 ウサギが遊んでいる様子も丁寧に観察してください

足をかばって歩いたり、頭を傾けたりしているときは病気の可能性が（P64・68）。普段の様子からも異変を見つけてね。

5 スキンシップでしこりを見つけてください

僕の機嫌がよいときは、おなかや背中をやさしくなでてね。そのとき、不自然なしこりを見つけたら、すぐに病院へ連れて行ってほしいな（P86・88）。

6 ご飯を食べなくなったら胃腸の病気を疑ってください

僕たちのおなかはとってもデリケート。ご飯を残しているときは病気のサインかも。食事の様子をちゃんと見ていてね。（P66）

7 おしっことうんちは健康のバロメータであることを知ってください

おしっこやうんちが1日出ないときは、すぐに病院へ連れて行ってね（P92・94）。

8 歯の状態をチェックしてください

歯が悪いと、いろんな病気を引き起こすんだ。歯の長さや噛み合わせを気にしてほしいな。（P104）。

9 互いの健康のために住環境を整えてください

2羽以上一緒に飼うときは、感染症を防ぐ工夫をしてください（P117）。長く一緒に暮らすためにも、よろしくね。

10 最《さい》期《ご》が訪れたらやさしく見送ってください

僕たちが旅立つのは、あなたを悲しませるためじゃないよ。最期まで、笑顔でそばにいてください（P142）。

目次

はじめに……002

ウサギの健康を守る10の約束……004

第1章 知っておきたいウサギの一生……013

014 終末期の治療はどこまで必要？

016 ウサギのクオリティオブライフを考えよう

018 ウサギの寿命を知る

020 ウサギの避妊・去勢手術で病気のリスクを減らす

022 老化で変わるウサギの身体機能

024 環境で変わるウサギの寿命

026 「看《み》取《と》りケア」を始める時期

028 コラム1 長生きの秘けつはストレスをかけないこと

第2章 自宅で行う看《み》取《と》りケア……029

030 自宅での「看《み》取《と》りケア」とは

032 毎日の体調チェックは怠らずに

034 主食の工夫で栄養管理
036 副食の野菜は与えすぎに注意
038 おやつやサプリメントで栄養補助
040 新鮮な水を飲んでもらう
042 排泄を手助けする
044 おしり周りをお手入れする
046 毛にはトラブルがつきもの
048 適度な運動で機能を維持する
050 痛みを読み取り、対処する
052 高齢化・寝たきりになったときの対処法

054 バリアフリーで快適な環境づくり
058 室内は季節ごとに最適温度に
060 留守番前には念入りな準備を
062 コラム2「うさんぽ」って本当に必要なの？

第3章 行動から病気を読み取る……063

064 病院に行くタイミング
066 受診のサイン① 食欲がない
068 受診のサイン② 動かない、動きがおかしい
070 受診のサイン③ 呼吸があらく、ぐったりしている
072 受診のサイン④ 目に異常がある
074 受診のサイン⑤ 耳をかゆがっている

076 受診のサイン⑥ 鼻水やくしゃみが出る
078 受診のサイン⑦ よだれが出ている
080 受診のサイン⑧ 足をかばうようにして歩く
082 受診のサイン⑨ フケが出ている
084 受診のサイン⑩ 毛が抜ける
086 受診のサイン⑪ 体の一部が異様にふくれている
088 受診のサイン⑫ おなかが張っている
090 受診のサイン⑬ 体臭がいつもと違う
092 受診のサイン⑭ 排尿に異常がある
094 受診のサイン⑮ 排便に異常がある
096 品種によってかかりやすい病気がある
098 コラム3 ウサギの命を優先した骨折治療

第4章 終末期のウサギに多い病気とケア……099

100 消化器の病気① 胃腸のうっ滞《たい》への対処法
102 消化器の病気② 急性胃拡張（腸閉塞）への対処法
104 歯の病気 不《ふ》正《せい》咬《こう》合《ごう》への対処法
106 呼吸器の病気 鼻炎への対処法
108 泌尿器の病気 尿路結石への対処法
110 全身の病気 腫瘤《しゅりゅう》（膿瘍《のうよう》・腫瘍《しゅよう》）への対処法

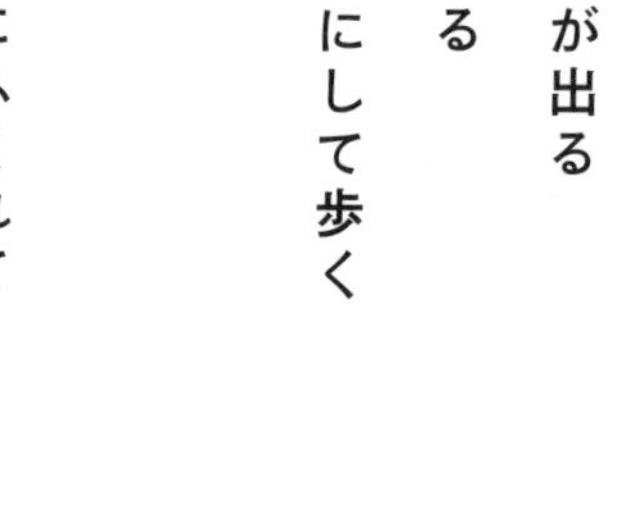

112 皮膚の病気① 皮膚炎への対処法

113 皮膚の病気② 足底皮膚炎（ソアホック）への対処法

114 脳の病気 斜《しゃ》頸《けい》への対処法

115 目の病気① 白内障への対処法

116 目の病気② 結膜炎への対処法

117 耳の病気 耳ダニ・外耳炎への対処法

118 寝たきりと向き合う① 環境を整える

120 寝たきりと向き合う② 床ずれを防ぐ

122 寝たきりと向き合う③ 排泄ケアをする

124 「終末期」の病院の選び方

126 スムーズな通院をしよう

128 入院することになったら

130 治療の選択肢を知る

132 専門的な病院に連れて行く

134 投薬のキホン① 粉薬・液剤を飲ませる

135 投薬のキホン② 目薬を点眼する

136 投薬のキホン③ 点《てん》鼻《び》薬《やく》をさす

137 おうちでするケア 強制給《きゅう》餌《じ》をする

138 とても高い？ ウサギの医療費

139 ペット保険を検討しよう

140 コラム4 健康診断って何をするの？

第5章　臨終前後にしてあげられること……141

142　看取り前の心構え①　最期を見守る家族にできること

143　看取り前の心構え②　終わりがあると理解しておく

144　最期をどこで迎えさせるかを決める

146　安楽死という選択もある

148　家族そろって自宅で見送る

150　命の終わりが近づくサイン

152　なきがらをきれいにして安置する

154　葬儀でウサギを送り出す

156　コラム5　セカンドオピニオン

第6章　ペットロスを癒《いや》す……157

158　ペットロスの癒《いや》し方

160　つらさを受けとめる対話

161　ウサギとの幸せな時間を思い出す

巻末ふろく 今日の体調記録……162
老ウサギ標準値データ……164
おわりに……166

※本書は『ウサギの看取りガイド』（2017年発行）を大幅に加筆・改訂したものです。

ブックデザイン：細山田デザイン事務所（米倉英弘）
組版：シナノ書籍印刷（花里敏晴）、ナイスク（小池那緒子）、小林沙織
編集協力：ナイスク（松尾里央、石川守延、高作真紀）
　溝口弘美、金子志緒
イラスト：伊藤ハムスター
印刷・製本：シナノ書籍印刷

第1章

知っておきたいウサギの一生

終末期の治療はどこまで必要？

ウサギのためにも、飼い主よがりの過剰な医療を選ばない。これはペット＝家族を見放すことでは決してありません。

治療の選択はウサギ・ファーストで

ウサギが元気な若い頃から老化や病気について情報を集め、家族で話し合っておきましょう。異変に直面したときや大きな不安を抱えたときは、冷静な判断が下せないこともあります。事前に情報を集め、治療方針を家族で決めておくことが重要。わからないことは獣医師に相談しましょう。

心配のあまり、過剰な診療を希望する飼い主もいます。その検査や治療はウサギの治療に役立つものか、冷静に考えることも必要です。

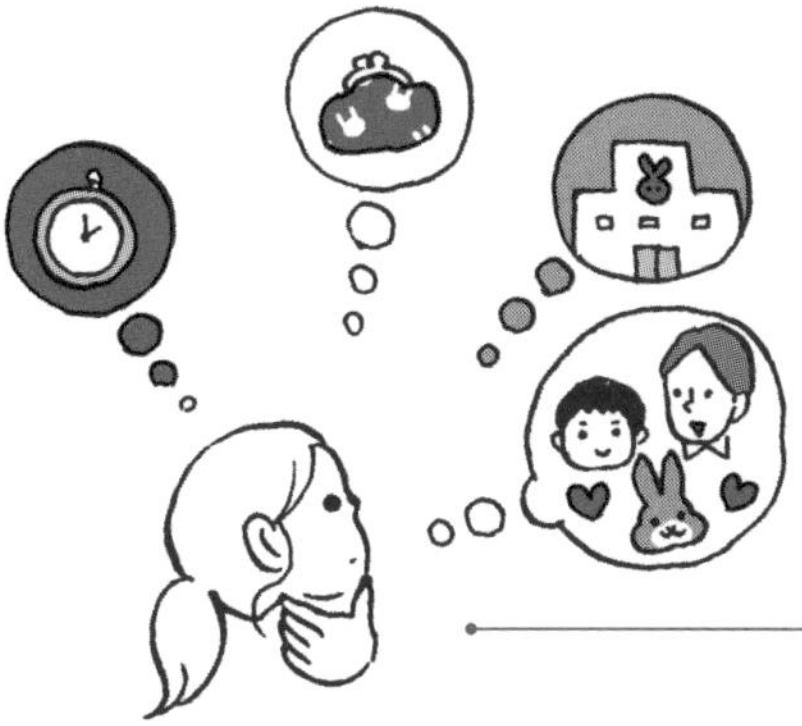

1
飼い主にとって無理のない治療を選択する

治療や介護を無理なく続けるために、「労力」「時間」「治療費」を考えること。さまざまな選択肢がありますが、飼い主の後悔しない選択が最良です。

置かれた状況を考える

ウサギの状態を理解し、自分や家族の状況を整理しましょう。治療やケアで「できること」と「できないこと」がわかります。

2
高度医療は研究途上

ウサギに可能な高度医療にはCTスキャンやMRIなどの検査がありますが、治療はまだ研究途上です。とはいえ検査によって原因がわかれば、不安感を和らげることができます。

疑問を解消する

疑問に思ったことや知りたいことは、獣医師に質問しましょう。気持ちの整理にもなります。

リフレッシュする時間をとる

ウサギの治療についてずっと考えていると、どうしても気が滅入ってしまいます。ウサギのことは一旦忘れる時間をつくって、気分転換することも大切です。

3
治療やケアを抱えこまない

治療や介護には周囲の協力が必要です。ときには動物病院に預けたり、友人やペットシッターに世話をお願いしたりして、ゆっくり休む時間をつくりましょう。

ウサギのクオリティオブライフを考えよう

快適な環境づくりで、ウサギの生活の質は向上します。四肢が衰え寝たきりになっても、工夫によって生活は改善できます。

ウサギと一緒に飼い主も幸せになる

クオリティオブライフ（QOL）とは生活の質のこと。ウサギが充実した暮らしを送れるように生活を見直してみてください。とはいえ、介護や治療は大変なこともあります。それを支えるために必要なものは、飼い主の自己犠牲ではありません。ウサギの幸せに加え、ウサギと一緒にいる飼い主自身も幸せになれるように考えること。今まで共に過ごした楽しい時間と同じく、幸せな終末期を送れるように、互いのQOLを高めましょう。

1 ウサギの個性を尊重する

高齢や病気でウサギの生活を変える必要がある場合は、ウサギの個性を第一に考えます。生活を変えるとストレスが生じます。飼い主だからこそ知っている、ウサギが喜ぶことを実践し、ストレスを少しでも減らしてあげましょう。

お家が一番

ウサギが落ち着けるように

老化や病気で弱っているウサギは、今までより神経質になります。静かな環境をつくり、必要以上の干渉をしないようにしましょう。

2 QOLを考えながら治療法を選択する

病気の治療と、苦痛などをとる緩和ケアは並行して行えます。緩和ケアによって入院は短くすみ、症状によっては通院期間のみでも治療可能になります。

ウギャ〜〜

獣医師からの指示を守る

飼い主から見て回復したように見えても、自己判断で自宅でのケアや投薬をやめないようにします。また、病院を受診したときに獣医師から受けた指示を守りましょう。

3 距離を置いて見守ることも大切

ウサギを心配するあまり、過剰になでたり抱き上げたりするのは避けましょう。体調が悪いとき、静かに寝ていたいのは人もウサギも同じです。

極楽の国へいざ行かん！
老師！
老師！

ウサギが天寿を全うできるように

最期の日まで、ウサギの生活の質を考えて過ごしましょう。

ウサギの寿命を知る

ウサギの寿命が延びている理由は、食生活や住環境の向上、動物医療の進歩など。飼い主の手厚いケアも長寿の大きな要因です。

寿命はおおよそ8年 7歳を超えたら老年期

エサの質の向上や動物医療の進歩により、長生きするウサギが増えました。一般に、フレンチロップのような大きい種類より、ネザーランドドワーフなどの小さい種類の方が長生きする傾向にあるといわれています。しかしサイズに関係なく、若くして亡くなることもあれば、12歳を超えて生きることもあり、平均するとどの品種も寿命は8年くらいです。「ウサギと日本人の年齢換算表」で、ウサギの年の重ね方を知っておきましょう。

ウサギと日本人の年齢換算表

ライフステージ	日本人に換算すると	ウサギの年齢
成長期 ウサギは、生後６週ほどで完全に離乳しますが、まだ体が弱く少しの環境変化で体調を崩しがちです。栄養をたっぷり摂り、体をつくる時期といえます。	赤ちゃん	２カ月
	小学生	３カ月
若年期 生後６カ月前後でほぼ大人と同じくらいに成長します。好奇心が増し、運動量が増える時期です。	中学生	６カ月
	高校生	７カ月
成年〜中年期 生後１年をすぎると、完全に大人。好奇心旺盛で活発なので、落下などの事故がないよう気を配ります。	青年	１歳
	壮年	２〜４歳
	中年	４〜７歳
老年期 「シニア」といわれるようになる時期。運動量が減り、寒暖の差で体調を崩しやすくなります。体の自由が利かなくなると、毛づくろいをしなくなるウサギもいます。	老年	７歳〜

1 7歳になったらシニア

生後7年以上はもう「シニア」です。免疫力が弱まり病気になりやすくなるので、住環境や食事に気を配ります。温度管理もまめに行ってください。

お世話でのポイント

若い頃のように自由に動き回れなくなっています。ケージ内の不要なグッズを減らし、過ごしやすく整えます（P54）。

ウサギの避妊・去勢手術で病気のリスクを減らす

手術することで病気へのリスクを減らし、長く一緒に生活ができるという大きなメリットを考えてみましょう。

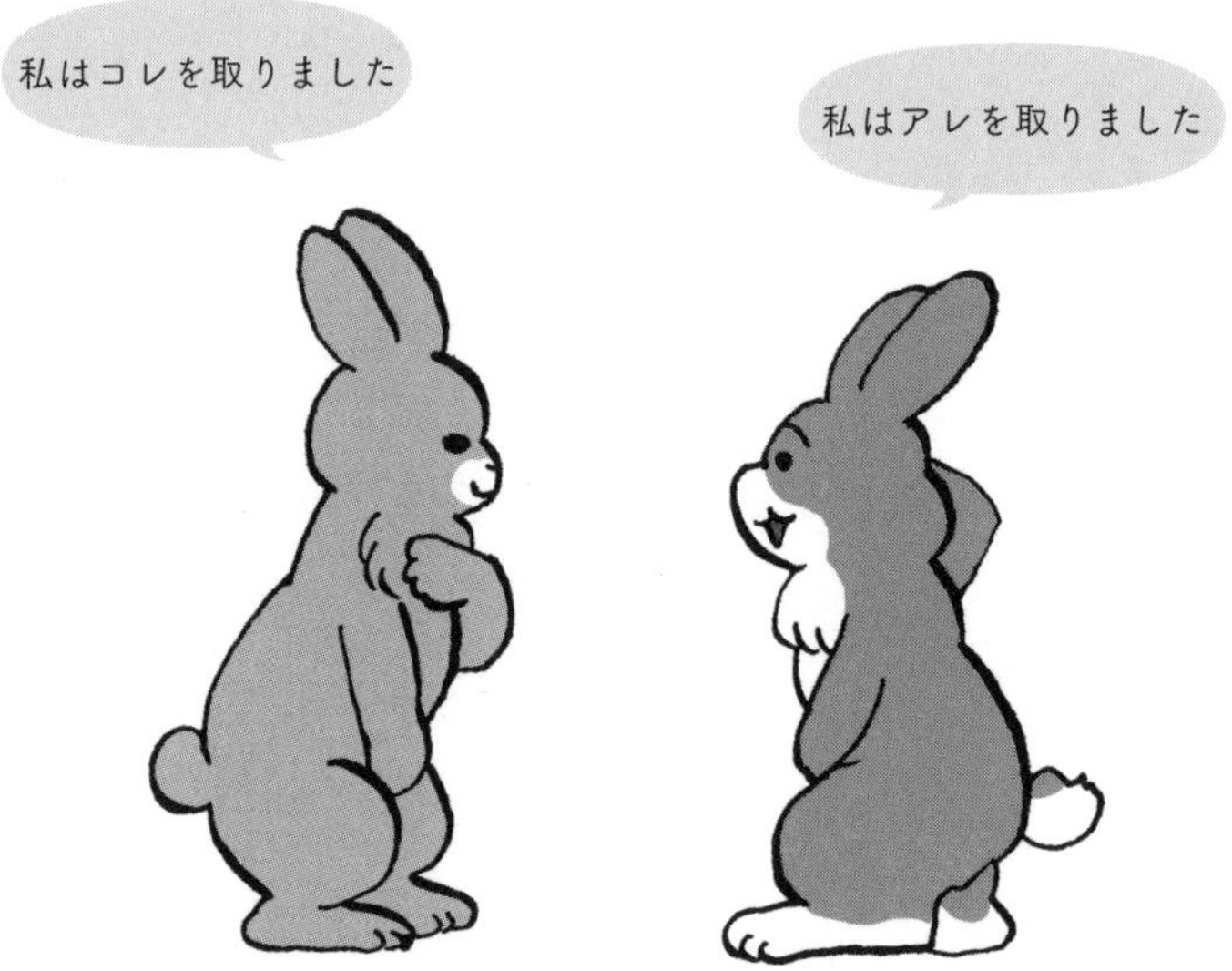
私はアレを取りました
私はコレを取りました

健康で長く一緒にいるためのリスクヘッジにも

最近ではウサギもより長生きをさせようと避妊や去勢の手術が推奨されています。ウサギは年間を通して発情する動物のため、いつでも出産が可能です。生殖器があることでメスは発情すると攻撃的になり、オスは尿を撒き散らすなどのストレスがかかります。手術で生殖器を取ることで、メスの場合は、子宮蓄膿症などの大きな手術が必要な病気の予防ができます。オスも病気のリスクを減らすことが可能になるのです。デメリットを含めてよく検討して、獣医さんと相談しましょう。

1
デメリットも考えておく

手術費用がかかる、全身麻酔を使うため100%安全とは言い切れないといったデメリットに加え、手術後は基礎代謝が減るため太りやすくなるので注意が必要です。

肥満に注意！

肥満になると病気にかかりやすくなることも！体調管理が重要ですが、もし太ってきたなと思ったら獣医さんに相談しましょう。

2
手術方法

手術の前には検査や麻酔などがあります。心臓や肺に負担がかかることも理解しておきましょう。

手術の手順

①手術前の検査…レントゲンや血液検査などで手術可能かどうかを検査します。
②全身麻酔をかけます。
③精巣や卵巣・子宮を取ります。

舐めるのを防止！

傷口を舐めると治りが悪くなったり、化膿したりするので、舐めないように要注意！

3
手術後の管理

手術後、ウサギは傷口を舐めてしまうことがあるので、首にエリザベスカラーと呼ばれるラッパのような形のカバーをつけて予防します。また化膿止めなどの薬を飲むことがあります。また術後2週間ぐらいは、経過をよく見ていつもとちがった様子がないかチェックすることも大切です。

老化で変わるウサギの身体機能

ウサギ自身は老いを自然に受け入れます。飼い主は、ウサギがよい一生を全うできるように変化に気を配りましょう。

老化のサインは目と歯にあらわれる？

ウサギは人よりはるかに早く年を重ね、5歳頃から衰えが目立ち始めます。白内障（P115）を発症すると目が濁り、見えづらくなっていきます。老化や歯科疾患で歯が悪くなると（P104）、主食の牧草を食べられなくなり、胃腸にも悪影響を及ぼします。加えて、筋肉が落ちてやせる、毛並みが悪くなる、聴覚などの五感が衰える、といった変化も。治療できる病気もあるので、気づいたら早めに動物病院に相談しましょう。

1
段差につまずく

若いときは飛び乗ることができていた段差でも、つまずくように。老ウサギが過ごす環境はできるだけ段差のないバリアフリーにしてあげます(P54)。

ケージは平屋にする

少しの段差でつまずくようになったら、2階部分のあるケージでの飼育をやめましょう。ケージの中もバリアフリーにして、住環境を整えます。

2
トイレ以外で排泄

トイレで排泄しないようになることもあります。トイレに段差があって上がれない、動くのがだるく、トイレまで移動することができないなど、理由はさまざまです。

どこでも便をしてしまう

ウサギにそのつもりがなくても、トイレではないところで排泄してしまうことも。あらゆるところでコロコロと便が見つかれば、老化のサインです。

3
食べ物の好みが変わる

老化によってこれまで食べていた牧草やペレットを食べなくなることもあります。牧草の茎など、かたいものを食べなくなったら、歯の病気の可能性が高いので動物病院へ（P104）。

味覚の変化

犬や猫は、老化とともに味覚の変化があらわれる場合があるといわれています。ウサギにもそれが見られることがあります。

環境で変わるウサギの寿命

健康管理、寄生虫駆除、ストレスの排除など、長寿のための環境づくりを実践しましょう。

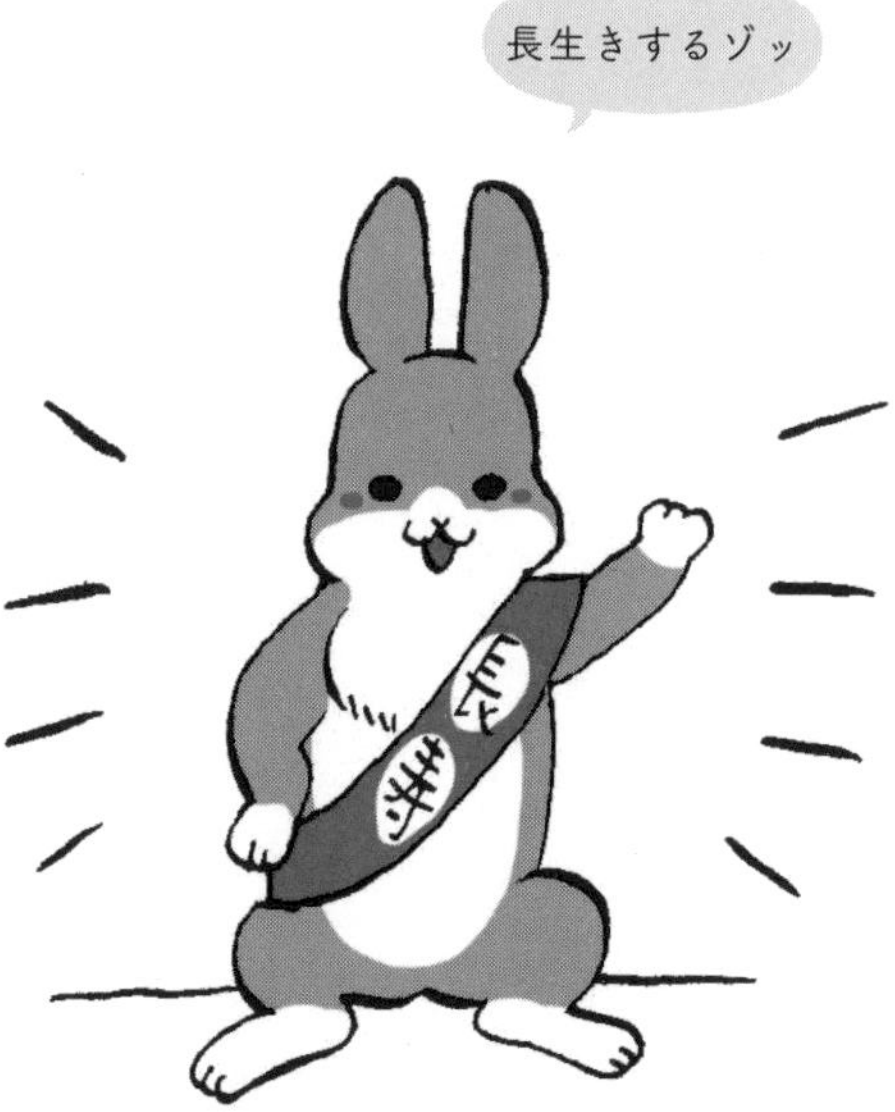

早期発見、早期治療でご長寿ウサギを目指せ

ウサギの寿命は病気の早期発見・治療で延ばすことができます。そのためにも、[※]健康診断や日頃の健康管理が欠かせません。

一方、健康な若いウサギでも、落下などの事故やストレスが原因で突然亡くなることも。人にとっては何ともない段差や音、家具などもウサギにとっては悪いものでしかない場合があります。常日頃から安全に配慮し、ストレスを少なくする生活環境をつくりましょう。

※　4歳をすぎたら1年に1〜2回受けましょう。

1
肥満にさせない

肥満になると皮下や内臓に脂肪がつきます。胃腸の動きが悪くなり、食欲にムラが出ることも。体重の増加によって足裏に潰瘍《かいよう》ができることもあります。肥満を防ぐために、動けるうちは部屋を散歩させましょう。

肥満
標準
やせすぎ

散歩は1日1時間

ウサギは生活パターンが決まっているのを好むため、部屋での運動はできるだけ同じ時間帯にします。屋外の散歩はストレスを感じることもあるので、無理は禁物です。

週に1回は体重測定

体重は毎回記録しておきます。また、体を触って肋骨や背骨を確認します。ゴツゴツとわかるようならやせすぎ、わからないなら肥満です。

2
不測の事故を防ぐ

落下による骨折を防ぐことが重要。高いところに上ったときは降ろします。人が触っても暴れないように、普段からなでたり抱き上げたりして練習をしておきましょう。おやつを上手に使えば、高齢でも慣れさせることができます。

アイタタタ……
ゴメン!!

事故を防ぐ

ウサギの事故は住環境の整備で未然に防ぐことができます。安全な環境と接し方を意識して、対策をしましょう。

3
体調を左右するストレス

ウサギはストレスを感じやすい生き物です。驚いたり怖がったりすることが多ければ、体調にも悪影響を及ぼします。騒音や気温の変化など、ストレスの原因を取り除きましょう。

お互い成長したね！

ケアを考える

ウサギのことを考えると、ついつい「あれもこれも」と必要以上のケアをしてしまうことも。ケアの内容は、獣医師とも相談しましょう。

ウサギが落ち着ける住まい

静かで落ち着ける部屋にケージを置きます。室温は20〜25℃、湿度は40〜60%が理想。暑さと湿気が特に苦手なので、エアコンや除湿機を活用しましょう。

「看《み》取《と》りケア」を始める時期

看取りケアとは、終末期を迎えたウサギが快適に過ごせるように行うお世話のこと。かかりつけの獣医に前もって相談しておくと安心です。

命にかかわる病気が見つかったらスタート

命にかかわる病気にも、症状が急激にあらわれる急性のものと、ゆるやかな経過をたどる慢性のものがあります。どちらも見つかった時点から看取りケアを始めます。急性の場合は主に胃腸の機能の低下が原因で、数日で亡くなることも（P100）。慢性の病には心不全や腎臓病などがあり、治療で半年以上延命できるケースもあります。老化による身体機能の衰えから骨折し、寝たきりになることも（P118～123）。看取りケアは老ウサギに欠かせません。

1
年齢よりも状態で判断する

老化の影響が出る年齢には個体差があります。ウサギの状態を観察し、ケアが必要かどうか判断をしましょう。若いから健康だと思い込まないこと、たとえ健康であっても年をとっているなら老いを受け入れることが大切です。

早めの情報収集を

治療やケアに関する情報収集は、ウサギに異変が起きる前の元気な頃から始めることが大切です。

2
病院での治療も併せて行う

命にかかわる病でも心不全や腎不全、不《ふ》正咬合《せいこうごう》など歯科疾患（P104）は、定期的な健康診断で早期発見が可能。完治が難しくても早めに治療を行えば、寿命を延ばせます。

定期的な健康診断を習慣づける

犬や猫と違って、動物病院を定期的に受診する習慣がないウサギ。いざというときのために、ホームドクターを見つけ、4〜5歳頃から年1〜2回は健康診断を受けましょう。

かかりつけ病院の選び方

家から近いか、獣医師が問診や説明を丁寧にしてくれるか、ウサギの扱いに慣れているか、治療費の明細がわかるかなどが判断材料になります。

3
ウサギに与える薬

ウサギに与える主な薬の種類は、抗生物質、鎮痛剤、抗炎症剤、整腸剤、点眼薬など。ウサギ専用の薬はなく、ウサギに害のない人用の薬か、ほかの動物用の薬が与えられます。投薬を自宅で行うにはコツが必要ですが、さほど難しくありません（P134〜136）。

COLUMN

1

長生きの秘けつはストレスをかけないこと

人より早く年を重ねていくウサギに長生きしてもらうためには、どのような工夫をすればよいのでしょうか？　気になる長寿の秘けつは、実はウサギも人も同じです。ストレスがかからないように暮らすことが重要なのです。

ストレスは精神的ストレスと身体的ストレスに大別できます。精神的ストレスは、恐怖や不安を感じるような状況で強くなります。身体的ストレスは、苦痛や病気、気温の変化など、体に負担がかかる状況で強くなります。状況によっては2種類のストレスを同時に感じることもあるでしょう。

動物はこれらのストレスを感じたとき、副腎からコルチゾール（抗ストレスホルモン）を分泌します。ストレスがかかるような状況下で心身が弱ってしまわないよう、そのショックを和らげるのです。コルチゾールは体を炎症から守る働きがある一方、免疫力を低下させてしまうので、ストレスを感じる状況が続くとさまざまな不調のリスクが高まります。健全な免疫力を養うためにも、ストレスが少ない暮らしを送ることが大切です。

ウサギのストレスを減らすために飼い主が心がけるべきは、たったの3つ。適切な食事と環境整備、そして人間（飼い主）との適度な距離感です。

第2章

自宅で行う看《み》取《と》りケア

自宅での「看《み》取《と》りケア」とは

ウサギが快適に過ごせるように工夫を。専門店には介護グッズが豊富にあります。犬や猫、人用のグッズも活用しましょう。

環境を整えた介助で生活の質を保つ

命にかかわる慢性疾患は、完治が難しいもの。残された数カ月の中で、徐々に身体機能が低下していきます。ときには入院が必要になるかもしれませんが、自宅で「看取りケア」を行う場合は、ウサギの状態に合わせて住環境などを変えることで、生活の質が維持できるようにします（P54〜57）。

ウサギは余命の見極めが難しい生き物。獣医師と相談しながらウサギの状態に合った看取りケアを進めていきましょう。

1

食事、飲水を工夫する

年齢や体調に合わせた食事を選びます（P34〜39）。歯科疾患や食欲不振の場合は与え方にも工夫を。水は給水器と食器を併用し、自由に飲めるようにしておきます（P40）。

水の位置に配慮を

上を向くのがつらくなったウサギには、立ち上がらなくてもいいように足元に水を置いてあげましょう。

2

体の状態に合わせて環境を整える

足腰が弱ると、低い段差でも越えられなくなります。ケージの入り口やトイレの段差にスロープをつけるなど、体の状態に合わせて環境を見直します（P54〜57）。

スロープの入手法

スロープは、ペットショップやウサギ専門店で購入できます。また、百円均一のグッズで手づくりすれば、安価かつウサギに合わせたカスタマイズも可能です。

3

快適な睡眠は寝床から

体の弱ったウサギには、ハウス型よりも低反発のマットや吸水性に優れたバスマットなど、厚みのある寝床がおすすめです。不快なときは落ち着けずにジタバタと動いてしまうので、手をそえて快適な体位に整えてあげることも大切です。

支えるときは腰を持って

立ち上がりをサポートするときは、ウサギの腰を支えましょう。

毎日の体調チェックは怠らずに

7歳をすぎたらもう老ウサギなので、年1〜2回は動物病院で健康診断を受けましょう。自宅での日々のチェックも！

「食欲」「便の様子」をチェックする

ちょっとした変化も見逃さず、不調のサインに気づきましょう。草食動物であるウサギは健康であれば、常に食事をしています。普段よりも食べる量が減っていたら、体に何か異変が起こっていると考えられます。日頃から全身の様子や食事の量などをよく観察しておきましょう。便の状態も胃腸の具合の目安になります。じっとしてうずくまったまま動かない、水を全く飲まないときは危険な状態です。早めに動物病院で診てもらいましょう。

変化に気づく

毎日の体調チェックシート

1つでも当てはまる症状があれば、病院に行きましょう。

- □ 食欲がない（半日くらい食べていない）→ P66
- □ 歯ぎしりをする → P67
- □ 呼吸が苦しそう → P70
- □ 目の色が違う、涙が出ている → P72
- □ 耳の中が汚れている → P74
- □ 鼻水が出ている → P76
- □ 口の周りが濡れている → P78
- □ フケが出ている → P82
- □ おしりの周りが汚れている → P91
- □ おしっこに血が混じっている → P92
- □ おしっこの色、におい、量が普段と違う → P92
- □ うんちが半日以上出ない → P94
- □ うんちの色、大きさ、におい、量が普段と違う → P94

主食の工夫で栄養管理

牧草に多く含まれる植物繊維は胃腸のぜん動運動を促し、毛づくろいで飲み込んだ抜け毛を排出してくれます。

主食は牧草で決まり！

ウサギの主食は牧草とペレットです。特に繊維質が豊富な牧草は、胃腸の働きを活発にします。おなかに牧草がなくなると、胃腸の動きが止まり、死に至る危険もあります。ペレットよりも牧草をメインに与えましょう。

牧草は主にイネ科のチモシーとマメ科のアルファルファの2種類。イネ科は繊維質が多く栄養価が低め。マメ科は繊維質がやや少なめですが、たんぱく質含有量《がんゆうりょう》が多く栄養価は高めです。体形や体調に合わせて選びましょう。

牧草
くん

1 牧草選びは慎重に

牧草は、チモシーの一番刈りを与えるのが一般的です。やせている場合は、栄養価の高いアルファルファを与えるのも一案。肥満の場合は、その年2番目に刈られた二番刈りと呼ばれるカロリーの低いチモシーがおすすめです。ペレットは、1日2回、朝少なめ夜多めで与えましょう。

奥が深い牧草

通常の乾燥タイプのほかに、半生タイプや生タイプなど、一工夫凝らした牧草がたくさん。生タイプは香りが強いため、ウサギの食いつきがいいのが特徴です。

2 ペレットは分量を決めて与える

ペレットは牧草とそのほかの食材を混ぜた固形物。多くの栄養素を摂取できますが、与えすぎると肥満の原因になります。1日の分量は、体重の1.5〜3%を目安にしましょう。

牧草もペレットも
好きだよ

種類が豊富なペレット

ウサギ専門店では、さまざまなペレットが売られています。子ウサギ用や老ウサギ用、長毛種用のペレットなどがあるので、ウサギによって必要な栄養素を含むものを選びましょう。

3 食べさせるコツ

生やカットしたタイプの牧草を好むウサギもいるので、種類を変えてみましょう。自力で食べられなければ、ふやかしたペレットや流動食をシリンジ※で強制給餌《きゅうじ》（P137）します。

いいじゃない

ペレットのふやかし方

熱湯でふやかすと、ビタミンが壊れてしまいます。ペレットは、人肌の温度（35〜37℃）のぬるま湯でゆっくりふやかしてください。

※　シリンジとは針のない注射器のこと。

副食の野菜は与えすぎに注意

ウサギが喜んで食べる姿を見るとたくさん与えたくなりますが、野菜はあくまでも副食。食欲促進やごほうびなどに活用しましょう。

嗜好《しこう》性の高い野菜で食欲を刺激

野菜は嗜好性と栄養価が高く、ウサギが喜んで食べる食材です。常に食べさせる必要はありませんが、老化や病気などで食欲が落ちているときに与えると、食べる楽しみを感じて元気を取り戻すきっかけにもなります。

緑黄色野菜を中心に、ニンジン、ブロッコリー、カリフラワーなどの繊維質が多いものを選びましょう。炭水化物を多く含む根菜類やイモ類は、腸内で異常発酵し、おなかが張ってしまう危険もあるので与えないようにします。

ハイクオリティ！

1 野菜でウサギのモチベーションアップ

嗜好性の高い野菜は、排泄や水分補給など飼い主が行うケアに慣れさせる場合のごほうびになります。老ウサギの食事に変化をつけ、生活の質を向上させるために活用することもできます。

主食ではないと心得る

ニンジンを食べている姿がよく描かれるウサギ。しかし、ニンジンなどの根菜類はウサギにとって必要不可欠な食材ではないのです。まずは牧草やペレットの主食を食べさせるようにしましょう。

2 脱水気味なら葉もの野菜を与える

脱水症や腎臓病を発症しているウサギは、水分を多く含むキャベツやチンゲンサイなどの葉もの野菜を与えましょう。飲水量が減ったときにもおすすめです。つんできたクローバーも◎。

キャベツ
チンゲンサイ
クローバ
水ほしい……

茹で野菜は効果的？

水分補給を目的として野菜を与えるなら、茹で野菜でもよいのではと思いがち。しかし、湿った牧草を嫌う傾向にあるウサギは、茹で野菜も好まない可能性もあります。

大音量ジューサーに注意

ウサギのためを思ってジュースをつくっていても、ジューサーの動作音でウサギがおびえてしまっては意味がありません。離れた場所で調理する、すりおろし器を使うなど、騒音に気をつけてください。

コワイ……

3 歯が弱っているなら野菜ジュースにする

歯が弱っている場合は、ウサギが好む野菜でジュースをつくる方法も。自主的に口にしなくても、流動食のようにシリンジで与えることもできます（P137）。

おやつやサプリメントで栄養補助

間食を「3時のおやつ」として日常的に与えるのは控え、ウサギが弱っているときなどに上手に使えば健康サポートになります。

食欲アップにひと役買う果物やサプリメント

ウサギの食事には、主食の牧草類があれば十分です。

おやつを与える場合は、嗜好《しこう》性だけでなく、成分も考えて選ぶこと。例えば繊維質を多く含む果物やドライ食品なら、胃腸の働きを促進する効果もあって一石二鳥です。生の果物は栄養的に優れていて、ドライの果物は手軽さが利点です。サプリメントは効用によって種類が分かれます。動物病院や専門店に相談して、ウサギの健康状態に合ったものを選びましょう。

それなら
食べられるかな

1
本当に食欲がないときに与える

果物やウサギ用ビスケットはカロリーと糖分が高く、与えすぎると体に負担をかけます。肥満と虫歯の原因にもなるので、与えるのは極力さけましょう。

草食動物だということを忘れないで

かわいがるうちに、人間の食べ物を与えたくなってしまいますが、ウサギは草食動物。植物以外は本来食べないことを思い出して。

2
繊維質が多いおやつを与える

ビワの葉やリンゴ、大麦若葉などは、ウサギに必要な繊維質を多く含み、おやつの中ではカロリーも低め。特に肥満気味のウサギにぴったりです。

いけるじゃん

根菜類はNG

食物繊維が豊富な食べ物として有名な根菜。しかし、根菜類には炭水化物も多く含まれています。食物繊維だけでなく、炭水化物も豊富な根菜は、ウサギにとって危険な食べ物なのです（P36）。

3
サプリメントで乳酸菌を補う

サプリメントには整腸作用の働きがあるものや、栄養補給になるものがあります。動物病院や専門店に相談し、うまく使って体調を整えましょう。

シニア向け
ラビットサプリ

胃腸に刺激を与えない

ウサギの胃腸はとてもデリケートなので、サプリメントは使用量を守って与えましょう。錠剤以外にペースト状のものもあります。

新鮮な水を飲んでもらう

食欲や腎臓機能が低下してくる老ウサギにとって水分の十分な摂取は重要です。ウサギがいつでも水を飲めるように工夫しましょう。

必要な飲水量を知り、水を飲む習慣をつける

飲水量は、食事の量に大きく左右されます。食べる量が少なくなると、飲水量も減ってきます。ウサギは本来、水をよく飲む動物です。1日に必要な飲水量は、体重1kg当たり約100㎖。また、老ウサギは腎臓機能の低下により、水分の保持能力が低下し、脱水症状にもなりがちです。ウサギが水を飲んでいるか様子をよく見ておきましょう。飲水量が低下してきたら、食事を工夫するだけでなく、水を飲んでもらう工夫も必要です。

1
水置きを工夫する

若いときはボトルタイプで飲めていても、高齢になると飲めなくなる場合もあります。置き型の水飲み器に替えるなど、ウサギが飲みやすいようにします。

ボトルタイプが使えなくなるわけ

高齢になって首を持ち上げる体力がなくなったり、舌の動きが鈍くなったり、視力が低下してボトルを認識できなくなったりすると、ボトルタイプの水飲み器が使えなくなることがあります。

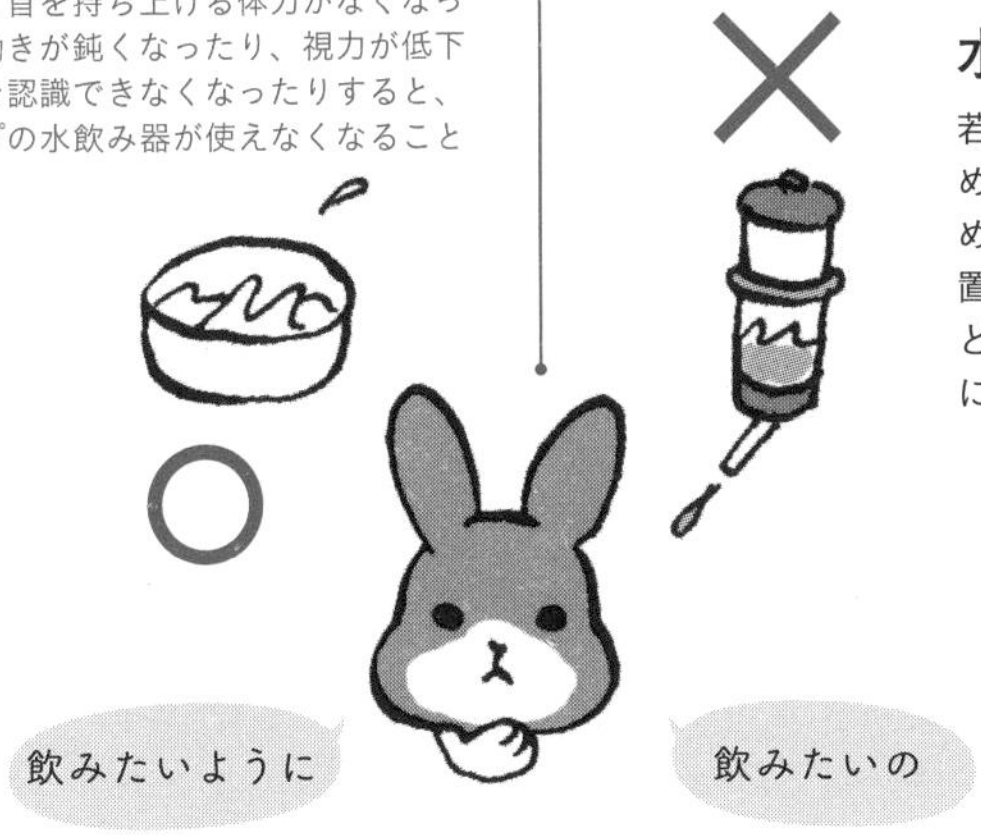
飲みたいように
飲みたいの

2
自力で飲めない場合は助けてあげる

自力で水を飲めないウサギには、スポイトやシリンジ（注射器の針がないもの）を利用します。うつぶせ、または横向きに寝かせた状態で首を支え、ゆっくり飲ませましょう。

USA
チューチュー

誤えんに注意

スポイトやシリンジで水を与える場合、ウサギが飲むペースに合わせることが大切です。スポイトやシリンジを勢いよく押すと、飲み込めない量の水が口に入ってしまい、誤って気管に入ってしまう恐れがあります。

3
味付きの水で興味を引く

飲水量が少ないときは、野菜ジュース、リンゴやパイナップルの果汁、スポーツドリンクなどで味を付けて、水分摂取量を増やしてあげるという方法もあります。

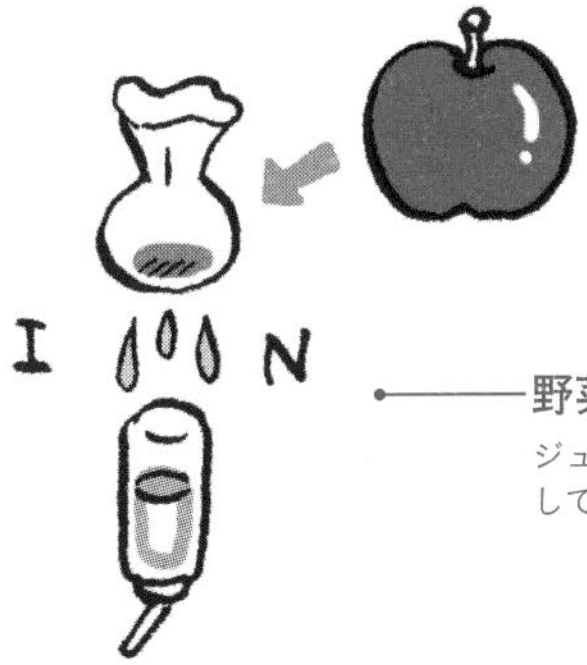
I
N

野菜や果物のしぼり方

ジューサーで砕いても、すりおろしても大丈夫です。

排泄を手助けする

尿や便の状態を見て、ウサギの健康状態を確かめます。排泄にベストな環境をつくってあげましょう。

排泄物の状態で毎日の健康チェック

便は「かたさ」「色」「におい」「大きさ」「量」をよく観察しておきます。健康な状態の便は、緑や茶色など与えている牧草の色に近く、大きさはパチンコ玉ほど。つぶすとボソボソと崩れるかたさです。便の量が減ったら便秘を疑います。尿がいつもと違う色やドロドロした状態なら動物病院で診てもらいましょう。

加齢などにより足腰が衰えると排泄が難しくなります。トイレ環境を見直すほか、排泄介助も必要になります。

1 便秘の子には運動させよ

便秘の原因はさまざま。病気が原因ではなく、慢性的な便秘の場合は、胃腸の働きを促すためにいつもより少し長めに運動をさせましょう。また、野菜や繊維質の多い牧草（チモシー）を与えるようにします。

運動させるには

狭いケージでは思うように動けません。ケージから出して、室内に立てたサークルの中に放し、走らせるとよいでしょう。

ハイヨー！

2 状態に合わせてトイレをDIY

自分である程度は動けるけれどトイレの段差が上がれない場合は、ケージの一角に木製のすのこなどを置き、トイレ代わりにします。汚れたらきれいに洗い、清潔に保つことを心がけましょう。

すのこ＋ペットシーツ
バスマット
しようかな
どっちに

ウサギの状態を見て臨機応変に

すのこやペットシーツを組み合わせるなど試行錯誤して、ウサギに合ったトイレ環境を探りましょう。

3 排泄介助でふんばらせる

足腰が弱くなると、自力で立ち上がることが難しくなります。ウサギの腰を両手で支えてあげると、ふんばりが利き排泄しやすくなることも。

おっ、
ナイスサポート

控えめな力加減で

ウサギは骨が薄いので、力を入れすぎると骨折させてしまう恐れがあります。

おしり周りをお手入れする

洗ったり、ドライヤーをかけたりするのはウサギにとってストレスです。毎日おしり周りをチェックし、こまめに濡れタオルで拭いましょう。

おしり周りは常にクリーンに

ウサギにお風呂は不要ですが、下痢で汚れた場合は、おしり周りを洗ってあげましょう。尿漏れがある場合も同様です。おしり周りの毛が湿ったままになり、皮膚が荒れてしまう尿やけを起こすので要注意です。

汚れた部分は濡れタオルで拭えば十分ですが、汚れがひどいなど場合によっては部分洗いが必要なことも。自宅でできない場合は無理せず、動物病院やウサギの専門店にお願いするようにしましょう。

1
濡れタオルで拭う

排泄後におしり周りが汚れているのを見つけたら、ウェットティッシュや蒸しタオルを使い、汚れている部分をきれいに拭いてあげましょう。

きれい好きを手助け

ウサギはきれい好きな動物なので、病気や老化により十分に毛づくろいできないのはストレス。やさしく拭って手助けします。

2
おしり周りの毛を切る

軟便がちなウサギの場合、おしり周りの毛をあらかじめ短くしておくと、手入れがしやすくなります。バリカンを使うのが難しいときはウサギの専門店にお願いします。

ハサミを使うときの注意点

ちょっともつれた部分を切るだけのつもりでも、刃先が皮膚に達してしまうことがあります。ハサミを使う場合は、皮膚を傷つけないよう注意しましょう。

3
おしりだけやさしく洗う

拭くだけでは落ちないなど、汚れがひどいときは38℃くらいのお湯でおしり部分のみ洗います。シャンプーを使った場合は、よく洗い流すことが大切です。ウサギ用のシャンプーも販売されています。清潔を保ちましょう。

お風呂はNG

ウサギにとって全身が湯につかるお風呂は大きなストレスです。洗面器などを使って汚れた部分だけを洗うようにしてください。

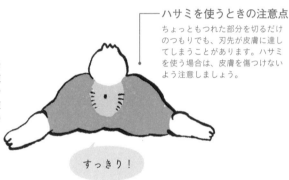

毛にはトラブルがつきもの

ウサギは元気なときであれば自分で毛づくろいをしますが、体力が落ちると毛づくろいしなくなります。

ブラッシングで中身も外見も健康に

ウサギの健康を守るためにも、ブラッシングで被毛を清潔に保つことが重要です。抜けた毛を過剰に飲み込んでしまうと、胃や腸の中で飲み込んだ毛がたまります。これらは胃腸の※1うっ帯（毛球症《もうきゅうしょう》）の原因となります。※2換毛期には個体差がありますが、抜け毛が多くなったら特に入念にブラッシングを。ブラッシングをおとなしくさせてくれない場合は、決して無理をしないことです。動物病院やウサギの専門店にお願いしましょう。

※1　何らかの原因で胃腸の機能が低下して起こる症状の総称。
※2　室内で飼われるウサギは、温度や湿度が一定に保たれた空間で過ごすので自律神経が刺激されず、換毛期が変則的になることがあります。基本的には、夏から秋にかけて夏毛から冬毛へ、春の間に冬毛から夏毛へ生え変わります。

9
月火水木金土日
次はいつかな

1
ブラッシングの頻度

短毛種は2、3日に1回、ジャージーウーリーなどの長毛種は毎日が理想です。老ウサギはブラッシングで疲れる場合があるので、どちらも最低でも週1回を目安にします。

2
ブラッシングのポイント

毛束や毛玉をほぐせるスリッカーブラシを使って、浮いてきた抜け毛をとって汚れを落としたら、仕上げに豚毛ブラシを使います。ブラッシングは、おしりの部分から少しずつ頭に向かってするようにします。長毛種の場合は、スリッカーブラシを使う前に両目ぐしで毛のからまりをほぐします。

からまって気持ち
悪いんですけど

ブラシを使い分けて

ウサギ専門店ではさまざまなブラシが売られているので、ウサギの状態に合ったブラシを購入して。換毛期はラバーブラシがおすすめです。ゴムの粘着力で抜け毛が楽にとれます。

全身をくまなく手入れする

見えやすい背中や頭だけでなく、足の付け根やおなかも毛並みを整えます。ただし、おなかは皮膚がやわらかいので、ブラシを当てずに手でやさしくもみ込んで抜け毛をとりましょう。

部屋じゅうを毛だらけにしない

ブラッシングの前に敷物を敷いておくと、抜け毛の後片付けも楽チンです。

毎日よろしく

3
長毛種は特に定期的にブラッシング

長毛種は毛がからまりやすいため、入念なブラッシングが必要です。ウサギは加齢と共に自分で毛づくろいしなくなることがあります。その場合は、毛をカットしてあげるのも1つの方法です。

適度な運動で機能を維持する

適度な運動は筋力を低下させないためにも必要です。体調が悪くない限りは、ケージから出して遊ばせてあげましょう。

運動をコミュニケーションの時間にする

老ウサギは、若い頃に比べると筋力が衰え、足腰も弱くなってきます。かといって体を動かさないままでいると関節や筋肉が固まり、それまでできていたちょっとした行動ができなくなります。少しでも運動させ、筋肉を刺激することが重要です。ウサギの体調を見ながら、ケージから出して遊ぶ時間をつくってあげましょう。お気に入りのおもちゃがあれば、夢中で遊んでくれます。その場合、1日1〜2時間を目安にしておきます。

そ〜〜
やさしくね

1
マッサージも効果的

触られることを嫌がらなければ、体をやさしくなでたりマッサージしたりするのもおすすめ。マッサージは、血行をよくするだけでなく、筋肉に刺激を与えることができます。ただし、ウサギの体調が悪く自分で動けないようなときはそっと見守ります。

ウサギのマッサージ

背骨に沿って首の後ろからおしりにかけて人差し指、中指、薬指の指3本でそっとなでるだけでも、十分なマッサージになります。

2
好物やおもちゃで誘う

ケージから出しても、あまり動かないときには、好きなおやつで誘導する方法も。食べられるおもちゃなどを利用してもいいでしょう。

遊べるし食べられるしスゴイ！

おもちゃの種類も豊富

中に牧草を入れて転がして遊べるものなど、趣向を凝らしたおもちゃがウサギ専門店にはたくさんあります。

家族は足元に要注意

ウサギの存在に気づいていない家族が、へやんぽ中のウサギを踏んでしまう事故が起きることがあります。家族全員にへやんぽをさせると知らせてから、ウサギを部屋に放しましょう。

広くて楽しいー！

3
へやんぽ前には片づけを

室内でウサギを自由に遊ばせる「へやんぽ」をするときは、ウサギがかじったり飲み込んだりするものは片づけておき、段差から転落しないよう気を配ります。

痛みを読み取り、対処する

ウサギをよく観察し、痛がっている様子が見られたら、獣医師と相談したうえで適切な薬でケアをしてあげましょう。

積極的に緩和ケアを取り入れる

ウサギは痛みに弱い動物と考えられています。痛みをともなう病気には、獣医師と相談しながら、鎮痛剤などを使った緩和ケアが有効です。関節炎や消化器疾患、歯科疾患など、痛みが出る病気にもいろいろあります。痛みのストレスを少しでも取り除いてあげるのも、看取りの時期をより快適に過ごさせることにつながります。

　ウサギは痛みを言葉で訴えることはできません。左ページを参考に、仕草からウサギの痛みを読み取りましょう。

1
じっとして動かない

草食動物は、自然界で生き残っていくために弱みを他者に見せない性質があります。ウサギも例に漏れず、痛みを我慢する生き物です。じっとして動かないときや歯ぎしりしているときは痛みを我慢して隠している可能性があります。

緊急度は軽度

落ち着きたい気分だからじっとしているのか、どこかが痛いからじっとしているのかを見分けることが大切です。食欲の有無は大きな判断材料です。食事を残すなどの兆候に異変を感じて。

2
床に伏せたままの状態でいる

動かない時間が長くなり、食事を残す日が多くなります。頭が下がってきて、床に伏せるようなポーズをとっていたら、容態が悪化してきているサインです。

緊急度は中度〜重度

この症状があらわれたら、すみやかに動物病院に連れて行きましょう。薬を処方してもらい、痛みを取り除いてあげることができます。

3
動物病院に連れて行く

正確な診断をしてもらうためには、ウサギがどのような状態かを説明する必要があります。いつごろからどのような症状が続いているのか、具体的に説明しましょう。

飼育日記が役立つ

飼育日記をつけている場合は、持参します。食べた量やじっとしている期間などを記録しておいたり、診察のヒントに写真や動画撮影をしたりしておけば、より詳しく獣医師に状態を伝えられます。

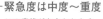

高齢化・寝たきりになったときの対処法

ウサギは「寝たきり」になったという意識がありません。自分の状態が受け入れられず、パニックになることも。見守ることが大切です。

少しでも心配になったら獣医さんに診てもらおう

高齢化によって、足腰が弱くなったり、病気になったりして、寝たきりになるウサギもいます。その状態になったときに慌てないように、事前に対処法を知っておきましょう。多くの場合、少しずつ足腰が弱っていき、動けなくなった結果「寝たきりの状態」になります。トイレなどが自力でできていれば大きな問題はないと考えられますが、足腰が弱ったために寝たきりになっているのか、ほかの病気はないのかなど、一度病院で診てもらうと安心です。

1
ケージの内側をやわらかいもので囲む

寝たきりになると自分でバランスがとれなくなります。また寝たきりだという認識がウサギにはないので、動こうとして手足をバタバタし、パニックになることも。ケガを防ぐためにも、ケージ内側をやわらかいもので囲んでおくのがベストです。

やわらかいもので激突を防ぐ

フリース素材やクッションなどやわらかいものでケージの内側を囲みます。内側はウサギの体の3倍程度の広さにしておくのがベスト。

2
水・エサのあげ方

寝たきりになると自分で動けないので、最低でも1日4回くらいはお水やエサを目の前に持っていってあげましょう。ただ寝たきり＝流動食というわけではありません。固いものを食べていないなと感じたら、流動食を注射器で口元に持っていくのでもよいでしょう。

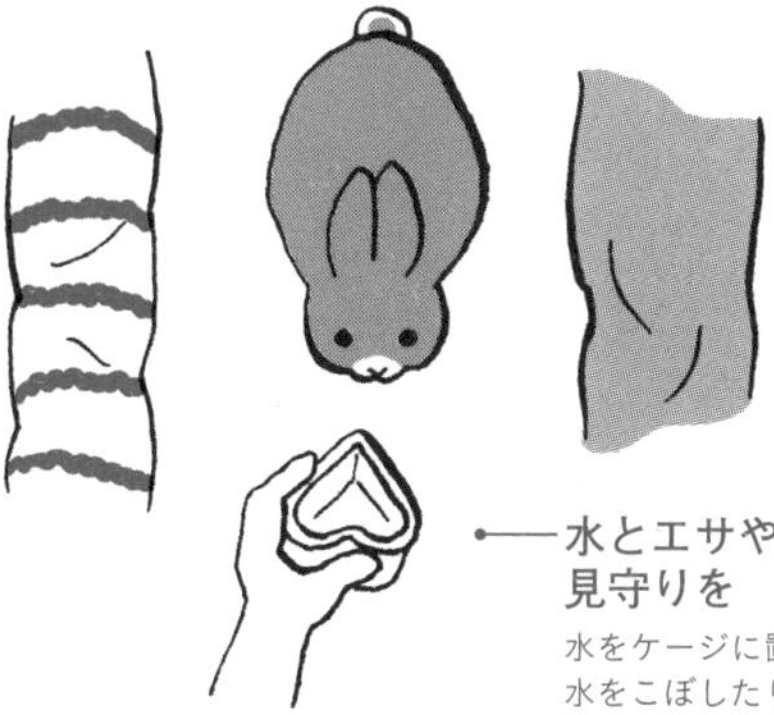

水とエサやりのタイミングで見守りを

水をケージに置きっぱなしにすると、水をこぼしたり、顔を突っ込んで動けなくなることも。1日4回の水やエサやりの時間を使って、見守りましょう。横になったまま動けないウサギには、クッションで頭だけを少し上に起こすようにして注射器であげるとよいでしょう。

3
排尿・排便のチェックを！

トイレには行けないので、排尿も排便もその場でということになります。不衛生にならないように、ペットシートをこまめにとりかえましょう。また排尿や排便ができなくなったときは、まずは獣医さんに相談しましょう。

1日1回でも出てるかチェック

1日に1回も出てないときは要注意！1日4回の食事のタイミングで何も出ていなければ病院に行きましょう。

バリアフリーで快適な環境づくり

体力が落ちてくると、思わぬ事故が起こることも。ケージ内はもちろん、室内の環境にも気を配ります。

安心・安全な空間で事故を防ぐ

老ウサギが安心して過ごせるように、住環境を整えることは大切です。年齢とともに体力が落ち、足腰も弱ってきます。若い頃は何でもなかった段差でも、上れなくなってしまうのです。看《み》取《と》りの時期に入ったら、ケージ内の段差をなくすなどの配慮をしてあげましょう。

ケージから室内へ出すときも、思わぬことで足元が滑ったり、転んだり、ぶつかったりするなどの事故も起こりかねません。事故を防ぎ、可能な限り快適な空間づくりを心がけましょう。

1 部屋の中には危険がいっぱい

うっかりウサギが口にするような観葉植物や小さなものはしまっておくこと。また、転落事故を防ぐためにもウサギが上がれる高さのものは置かないようにしておきます。

口に入れそうなものは隠す

ウサギのサプリメントと勘違いして、目を離したすきに人間用の錠剤を飲んでしまったケースがあります。犬のように何でも口に入れるわけではないのですが、誤飲しそうなものは隠しましょう。

ダメエェ
こんなところに
食べ物が

2 家具も加害者に

ウサギは暗くて狭い場所に入るのを好みます。筋力が落ちてくると、入って出てこられなくなる場合があるので、家具の隙間をつくらないようにふさいでおきましょう。

ヒッ

爪をひっかけるカーペットもNG

室内の床には毛足が短いカーペットや、フロアマットなど爪をひっかけにくい素材のものを使用してください。

3 目を離さない

危険なものを除いておいても、目を離したすきにケガをする可能性があります。部屋で遊ばせるときは、必ず部屋のドアを閉めてウサギの様子を見守ります。

こっちは何かな

ドアはきっちり閉めておく

ドアを開けていると、ものを片づけていない部屋へ行ってしまうかも。ドアでウサギを挟む危険もあるので、へやんぽの前にはドアが閉まっているのを確認しましょう。

足元に注意

いつの間にか足元にいて、踏んでしまうという事故を起こさないためにも、ウサギから目を離してはいけません。

4
安全なケージ内レイアウト

寝床はコーナーに

寝床となるハウスは、ケージの真ん中よりも壁に接した場所に置いた方がウサギは落ち着きます。介護しやすいように、寝たきりの老ウサギには、ハウスではなくタオルを敷いたスペースを寝床にしてもらいます。

老ウサギに段差はNG

足腰が弱くなったり、視力が衰えたりすると小さな段差でも転落する危険があります。段差は取り除くようにします。

食器はしっかり固定する

チモシーを入れる食器はトイレから離した場所に設置します。ウサギが万が一、ぶつかったときにひっくり返さないためには、固定式の食器が安心です。

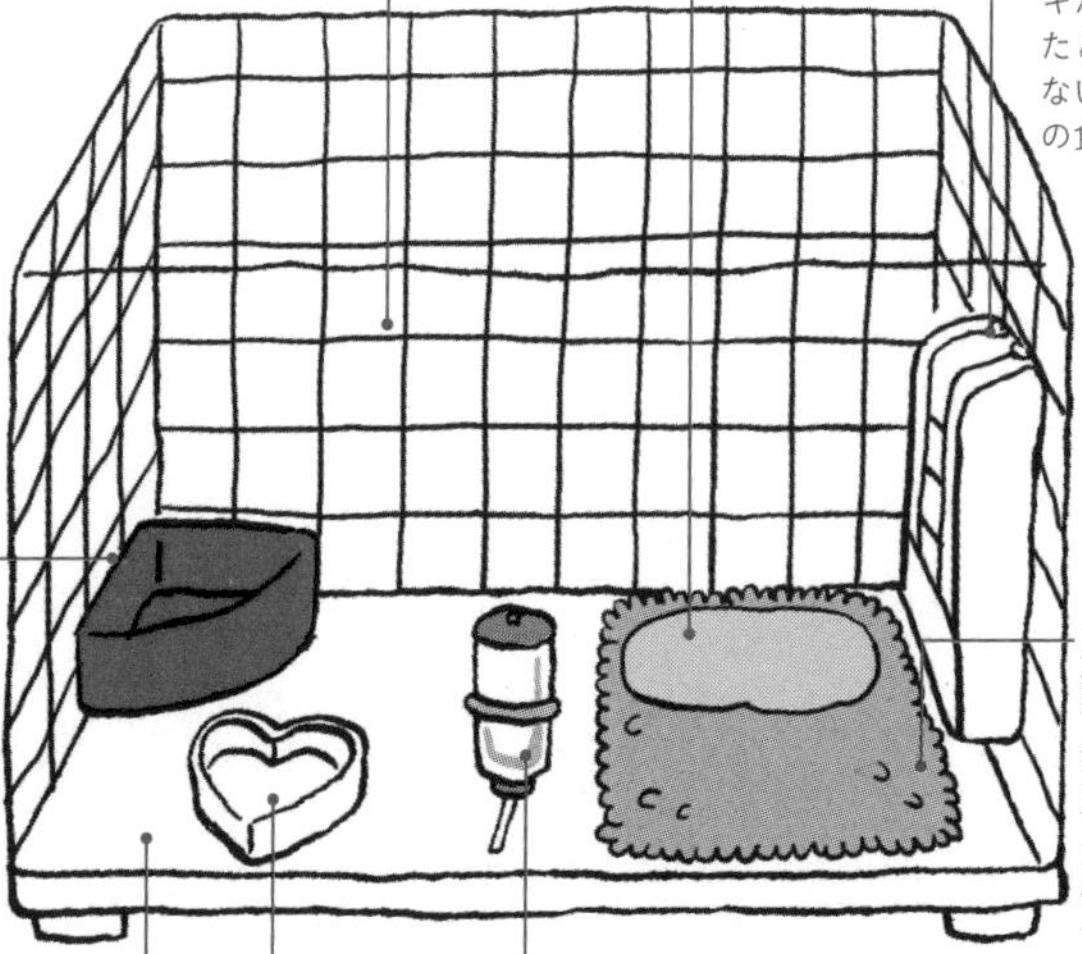

トイレは食器と離す

食器から離れた場所にトイレを置きます。トイレの段差を上れないときには、トイレをはずしてペットシーツのみで代用します。

足裏への負担に配慮する

歩きにくいと足底に皮膚炎を引き起こすこともあります。すのこやマットを敷いて足裏に負担をかけない工夫を。

飲みやすい高さにセット

ボトルタイプの水飲み器は、ウサギが頭を上げなくてもよい、飲みやすい高さに設置します。ボトルタイプで飲めない場合は、置き型の水飲みボウルの用意を。

ペットシーツを敷いておく

足腰が弱くなると、トイレにたどりつけない場合もあります。どこに排泄してもよいようにペットシーツを敷いておくと、排泄物の掃除もしやすくなります。

座ったままでも食べられる高さに

ペレットを入れる食器はウサギが座ったままの姿勢でも、食べやすい高さに設置しておきます。食べやすい高さは3cmくらいです。

5 ウサギが安心して暮らせる部屋づくり

風通しがよく、直射日光を避けた場所がよい

体温調節が難しい老ウサギ。熱中症を防ぐためにも風通しのよい部屋にケージを置きましょう。直射日光が当たる窓際を避けるようにします。

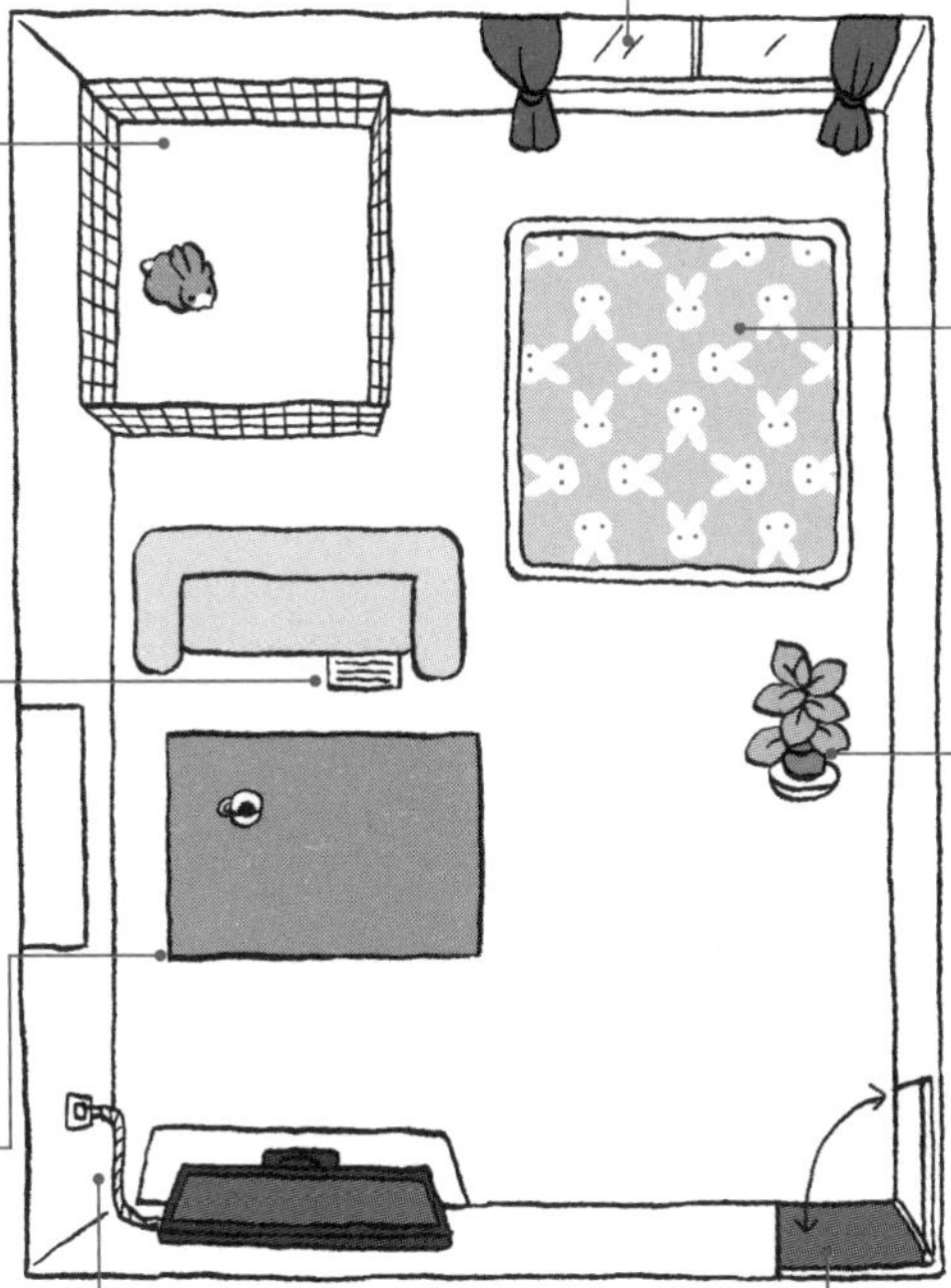

隅っこが安心

ウサギが落ち着くケージの置き場所は部屋の真ん中よりも、壁に面した場所。エアコンの風が直接当たらないよう気をつけます。

爪がひっかからない素材に

室内でウサギを遊ばせる場合、フローリングだと滑るので足腰に負担がかかります。爪がひっかからないような毛足の短いカーペットやマットを敷きます。

ソファにはスロープを

若い頃はジャンプして上ったり下りたりできていた場所でも、足腰や視力が衰えてくると失敗する危険があります。スロープを設置するようにします。

毒となるものは片づける

草花の中には、ウサギが食べてしまうと中毒を起こすものが多くあります。ケージから出すときは観葉植物をウサギの届かない場所へ。

模様替えは控える

視力が衰えるとものにぶつかることもあります。環境が変わるのはストレスにもなるため、可能な限り部屋の模様替えは控えましょう。

かじったら危険

ウサギがコンセントや電気コード類をかじると感電し、命にかかわることも。かじられないようカバーをつけるなどの対策をしておきます。

騒音から離す

ウサギは物音に敏感で、うるさい音がストレスになります。ケージはドアやテレビなどから離し、できるだけ静かな場所に設置しましょう。

室内は季節ごとに最適温度に

ウサギがいる場所の温度・湿度を確認し、具体的な数値を把握しておくことは、診察の際にも役立ちます。

温湿度管理を日課に

室内温度はエアコンで管理するのが基本です。夏は28℃以上、冬は15℃以下にならないよう、温度調整をします。湿度はエアコンの除湿機能や加湿器を使い、1年を通して、40〜60％を保つようにします。

エアコンなどで適切に設定したとしても、部屋全体がその温湿度になっているとは限りません。ケージのそばに温湿度計を置いておき、確認することを心がけましょう。季節の変わり目は、寒暖の差が大きいため、特に注意が必要です。

28℃
80%
ジメジメも嫌

1
梅雨は湿度管理を

湿度が高くなる梅雨の時期は、湿度管理が大切です。ウサギが過ごすケージ内がジメジメしていると、ダニやカビが発生する原因になります。ウサギが皮膚炎を発症しないよう注意します。

食べ残しはすぐに片づける

牧草やペレットは完全密封して保存します。食べ残しも放置せず、すぐに片づけましょう。

もう無理〜！

2
夏は熱中症が大敵

ウサギは暑さや湿度の高さに弱い動物です。高温多湿状態は熱中症の原因にもなります。留守中も冷房と除湿をかけておくなど温湿度管理をしっかりと。

涼しくなる工夫を

凍らせたペットボトルをタオルにくるんでケージの上に置くだけでも温度が変わります。市販の冷却ボードなどをケージ内に置いておくのも◯。

ぬくぬく
気持ちいいな

3
冬は局所暖房でもOK

就寝中は暖房を切る飼い主も少なくありません。ケージ内にペットヒーターや湯たんぽを置くなどして、ウサギが快適に過ごせる保温対策を。

ケージに毛布をかける

ケージ全体を段ボールで囲み毛布をかけると保温効果が高まります。フローリングなど床が冷たい場合はキャスターをつけるなど、ケージを床から少し離す工夫をすると底冷えを防ぐことができます。

やけどに注意

ペットヒーターでの低温やけどに注意しましょう。電球タイプのヒーターはカバーごと熱くなるので、ウサギの動線から離れたところに置きます。

留守番前には念入りな準備を

看取りケアを行っている間は、ウサギだけで留守番させる時間をなるべく短くするのが理想です。

帰宅後はまずウサギの様子をチェックする

介護が必要となる看取《みと》りの時期は、ウサギの体調がいつ変化するかわかりません。できるだけ不要な外出は避けましょう。

仕事や用事などでウサギに留守番させるときは、食事や水が途中でなくならないように準備をし、エアコンなどの設定温度を確認して室内を適温に保てるようにしておきます。帰宅後は、留守中に食事や水を摂っていたか、排泄物の状態はどうか、体調に異常はないかを必ず確認します。

1
水、食事の準備と温度管理

ボトルタイプの水飲み器の場合、飲み口から水が出るか確認し、食事も不足しないよう準備を。エアコンのスイッチは、冷暖房の設定に間違いがないよう出発の1時間前にはオンにしておきましょう。

緊急時に来てくれる人はいるか

停電など、緊急時にすぐ来られる人に事前にお願いしておくとさらに安心です。

2
ケージで安全確保

たとえ短時間であっても、部屋でウサギを自由にさせておくと、どんな事故が起こるかわかりません。留守番中は必ずケージに入れておきます。

ケージに慣れさせる

若い頃からケージで飼うのをしつけておくと、ケージ＝自分の居場所と認識します。

お世話メモを残して

食事の時間や遊ぶ時間、ウサギの性格を伝えていつもと変わらないお世話をしてもらいましょう。

3
ペットシッターに任せる

家族で1泊以上留守にするなら、ペットシッターにお世話をお願いする方法もあります。看取り時期なら1日に朝夕2回のお世話をお願いしても。ウサギはペットホテルよりも自宅の方がストレスを感じません。

COLUMN

2 「うさんぽ」って本当に必要なの？

「うさんぽ」とはウサギを外で散歩させること。とはいえ、うさんぽする必要はあまりありません。もちろん、ウサギにとって適度な運動は必要です。散歩で体を動かすことには、足腰の筋肉の発達や維持、胃腸の動きを促進するなどのメリットがあります。しかし、ウサギはもともと非常に臆病な生き物です。暗くて狭い場所は安心しますが、明るくて広い場所では怖がって落ち着かないこともあります。中毒を起こすような植物や落ちているものを口にしたり、犬や猫に驚いて逃げ出したりするかもしれません。ウサギを外に連れ出すことは、さまざまな危険や事故につながる可能性があるのです。

うさんぽを始める際は、いきなり外へ連れ出すのではなく、部屋の中の散歩「へやんぽ」をしてコミュニケーションを深めましょう。何かあったときに抱っこができるようにしつけをしておくことも大切です。ウサギとコミュニケーションがとれ、コントロールもできるような状況になって初めて、うさんぽを考えるべきでしょう。ただし、前述のリスクを考えると、看取《みと》り期のウサギや老ウサギにはうさんぽは百害あって一利なしといえます。

第3章

行動から病気を読み取る

病院に行くタイミング

「いつもと違う」決め手は、判断しづらいもの。動画を準備して獣医さんに見せながら相談するのが安心です。

「いつもと違うな」と感じたら病院へ！

「この程度で病院にいったら迷惑かな」と思う飼い主さんは意外と多いものです。確かに、獣医さんに診てもらったら特に大きな病気ではなかったという場合もあるかもしれません。ただいつもウサギと接している飼い主さんが「あれ？いつもと違うな」と異変を感じたら、やはりそれは病院に行くタイミングだと思ってもよいでしょう。「いつもと違う」を見つけるポイントは、①元気②食欲③排便・排尿の変化です。

1
元気・食欲・排便・排尿をチェック

元気に動いているか、ちゃんと食べているか、いつもと同じように排便や排尿はあるかをチェックしましょう。「いつもと違う」状態を見つけたら病院へ！

異変に気付く目を持とう

涙が出ている、皮膚の一部が濡れている、毛並みが悪いなどちょっとした異変に気付く必要があります。普段からウサギの様子を見守りましょう。

2
自己判断をしない

異常を見つけてもインターネットなどで調べて、「大丈夫！」と自己判断をするのはあまりおすすめしません。インターネットの情報が全て自分のウサギと同じ状況の話とは限りませんし、自分にとって都合のいい情報だけを信じてしまうことも。異変を感じたら、獣医さんに診てもらいましょう。

素人判断が間違いを生む

「目が白い」＝白内障とは限りません。もっと具体的にどの部分が白いかで判断すべきなのですが、そこまではわからずに調べると、間違った判断になることも。

3
受診には具体的な症状や行動の情報が必要

受診のときには、「変だな」「痛そうだな」という情報より、じっとして動かない、お腹を伏せてる、プルプル震えているなど具体的な情報が必要です。

動画を撮影

症状を口頭で説明するのが難しい場合は、動画や写真を撮っておくとよいでしょう。

受診のサイン①

食欲がない

小さな異変がウサギの不調を教えてくれます。きちんと食事しているか、牧草やペレットの減り具合を確認します。

食事の様子を毎日確認し不調に気づく

食欲不振は緊急を要する症状です。ウサギの場合、全ての病気の最終的な症状に食欲不振が当てはまるからです。ウサギは犬や猫と違って長期間の絶食に耐えられない生き物です。繊維質を摂取しないと、胃腸が動かなくなって胃腸障害（うっ滞《たい》、Ｐ100）を起こし、さらに食べられなくなる、という悪循環に陥ってしまいます。

少しでも食事の減りが悪くなったり、便の量が少なくなったりしたら、病院に連れて行きます。

ギリギリしなきゃ
やってられん！

1
胃腸障害でおなかが痛い

胃腸障害であるうっ滞とは、ストレスや病気などが原因で胃腸の動きが止まること。食べたものやガスが胃腸にたまっておなかが痛くなり、食欲不振や下痢、おなかが張るなどの症状が見られます。おなかが痛いときには、じっとしたまま動きたがらない、歯ぎしりをするなどの様子が見られることがあります。

いろいろな歯ぎしり

ウサギは、嬉しいときや興奮したときにも歯ぎしりをします。嬉しい感情表現なのか、病気のサインなのかを注意して観察しましょう。

2
歯の噛み合わせが悪い

食べようとするそぶりを見せるのに食べない場合は、口内に異変が起きているということ。特に、牧草などの繊維質のものを食べなくなったときは、不正咬合《ふせいこうごう》（P104）の疑いがあります。食べる量が減ると、胃腸の働きが低下するので放置は禁物です。

グ
こりゃ厳しい

違和感は口元に出る

あごの下がよだれで濡れる、食事以外でも口を気にして動かしているといった姿を見かけたら、歯に違和感があることを疑いましょう。

運動せなあかん

3
運動が不足している

ウサギも運動不足になれば、人間と同じように肥満や筋力の低下、便秘などの弊害が起きます。肥満や筋力の低下は、胃腸の動きを悪くし、食欲を低下させてしまいます。1日1時間ほどケージから出して、適度に運動させましょう。

運動は危険のない環境で

サークル内で遊ばせるほか、部屋に放す、屋外を散歩させるなど運動の場はいろいろ。いずれにしても安全性の確保は不可欠です（P57）。

受診のサイン②

動かない、動きがおかしい

ウサギは表情がわかりにくい生き物です。
行動やしぐさを観察し、体調不良を早く見つけることが大切です。

いつもと違う行動に気づく

さまざまな病気に共通する症状の1つが、うずくまって動かないことです。「高齢になったからじっとしていることが増えた」と思いがちですが、そうとは限りません。

ウサギは倒れるように横になりそのまま眠ることが多いので、ふらついたり転んだりしても、普段どおりの姿に見えてしまう可能性があります。ところが、斜頸《しゃけい》（P69・114）の症状でもあるのです。「いつもと違う」と思ったら、まずは病気を疑いましょう。

……

1

うずくまる

うずくまって体をこわばらせるしぐさは、最もよく見られる体調不良のサインです。動けないのは、胃腸障害（うっ滞《たい》、P100）でおなかが痛い、骨折などで足が痛いなど、さまざまな部位の不調や痛みが疑われます。早めに動物病院へ。

特に多いのがおなかの不調

胃や腸にガスがたまると、うずくまって動かなくなることがあります。

2

フラフラして転ぶ

左右のバランスがとれない状態であることから、耳の奥や脳の異常が疑われます。治療しても障害が残る恐れもあります。

ありゃ、華麗な
フットワークが

フラフラは乗り物酔いの気分

左右のバランスがとれないと、人間でいう乗り物酔いのような状態になります。気分が悪いと食べられなくなるのも人間と同じです。食事できないと胃が空になり、消化器官に支障をきたすので、注意しましょう。

3

頭が傾く

頭が傾いたり首を傾げたりしているように見える状態は、斜頸といいます。耳の奥や脳に感染症を起こしている可能性が高く、治療が難しいケースもあります。

世界が傾いて見える

意外となじむ傾き

斜頸の様子を見てショックを受ける飼い主も多いですが、ウサギたちは斜頸と上手くつきあっていく力を持っています。悲観的にならず、どうしたら過ごしやすくなるのかを考えてあげましょう。

動きに注意

ぐるぐると回る、ぱたりと転ぶのも斜頸の症状の1つ。

受診のサイン③

呼吸があらく、ぐったりしている

呼吸があらいと気づいたときには、すでに重症化しているケースが多いのが特徴です。

外見からは呼吸の異常を見つけにくい

ウサギは体に占める胸腔《きょうくう》の割合が小さく、息も浅いので、呼吸をしても胸やおなかが大きく動くことはありません。一見して異常がわかる状態は心臓か呼吸器の病気で、重症化している可能性もあります。そのほか熱中症も疑われます。熱中症には、気温と湿度が関係しているので、冷房だけでなく除湿も機能させるようにします。

日頃からウサギの呼吸をチェックするくせをつけましょう。平常時を知っておけば、異常にもすぐ気づけます。

ちょっと、動くの、
無理かも

1
動きたがらず ぐったりしている

循環器や呼吸器の病気の場合に動きたがらない様子が見られるのは、動くとより呼吸があらくなり苦しくなるからです。

熱中症かも

熱中症のときも呼吸があらくぐったりするようになります。一般に室内が25℃を超えると熱中症の危険が。部屋の温湿度管理は欠かさずに。

2
呼吸を観察して 重症化を防ぐ

呼吸の異常に気づくには日頃からの観察が欠かせません。ポイントは3つ、呼吸のスピード（呼吸数）、呼吸音、鼻と胸の動きです。体内に液体がたまる肺や心臓の病気の場合は、おなかを使って息をします。

どうよ
ちゃんと息してるっしょ
USA

家での計測が重要

健康なウサギであっても、動物病院では緊張してしまい正確な呼吸数は測れません。

呼吸音を聞く

「呼吸音」は静かなのが普通です。「鼻の動き」はひくひく、「胸の動き」は気づかない程度が正常です。鼻炎（P106）や腫瘍（P110）で鼻腔が狭くなると、プシュップシュッという呼吸音が聞こえるように。ズーズーという音が鳴る場合は肺や心臓の病気が疑われます。

ズー
ズー

3
ウサギの呼吸の チェック法

ウサギは鼻呼吸が基本です。抜け毛やティッシュなどを鼻先に持っていくと、呼吸を感じられます。

呼吸数を計測

「呼吸数」は1分間に32〜60回が目安。測定方法は15秒間数えて4倍します。

受診のサイン④

目に異常がある

目が濁っていても、白内障（P115）とは限りません。いろいろな原因で目は白くなります。

最近目が
濁ってきて〜
私も目頭が
濡れちゃって〜

涙にも油断しないで

丸くて大きいウサギの目は、傷つきやすいので注意が必要です。ほこりや刺激臭が目を傷つけることもあります。飼育環境は常に清潔にして目に負担がかからないように注意しましょう。また、免疫力が低下している老ウサギは、小さな傷でも細菌によって炎症が起きやすくなるので、早めの治療が重要です（P116）。

目に異常が見られても目の病気とは限りません。涙が流れる場合は不《ふ》正《せい》咬《こう》合《ごう》（P104）、目が左右に揺れる場合は斜頸《しゃけい》（P114）などが疑われます。

涙にも着目

目の周りが常に濡れて涙目になっているのは病気のサインです。

1 目やにが出る

目やにの頻度や量が増えたら、目に細菌が入って炎症を起こしている危険があります。主に角膜炎、結膜炎、涙嚢炎《るいのうえん》が疑われます。病院で点眼薬を処方してもらい、点眼すれば治ります。

2 目が開けられない

目を閉じる、半目になる、頻繁にまばたきをするのは、目に痛みを感じている状態。目に傷がついて炎症を起こしている可能性があります。

視線は正常か？

目が左右に揺れている「眼振《がんしん》」が見られたら、脳の前庭疾患、内耳炎、斜頸などを疑います。

3 目が濁る

目の表面の濁りは角膜炎。目の内部にクリーム色の固まりがあれば眼内蓄膿《がんないちくのう》。目の内部（水晶体）の濁りは白内障が疑われますが、角硬化症の場合もあります。早めの受診を。

大きな瞳にも注意

眼球が飛び出てくることもあります。これは目の奥にできた膿瘍《のうよう》（P110）の影響も。

受診のサイン⑤

耳をかゆがっている

ウサギの耳にはたくさんの毛細血管が集まっています。耳の血色が悪ければ、貧血などの全身的な問題が起きています。

耳の中のチェックが日課

ウサギは耳を動かして周囲の情報を収集します。垂れ耳のウサギも同様です。とはいえ、頻繁に耳を動かしたり頭を振ったりするのは耳がかゆい証拠。耳の病気（P117）が疑われます。早めに動物病院へ。特に垂れ耳は通気性が悪く、内部が蒸れやすいので要注意。耳ダニや細菌によって外耳炎《がいじえん》を発症するリスクが高く、定期的な耳掃除※が必須です。特に、デリケートな部分の手入れは、獣医師やウサギ専門店のプロに任せるとよいでしょう。

※　ホーランドロップなど垂れ耳のウサギは、耳の手入れを自力で行うのが難しいので、2カ月に1度耳の掃除をしてあげましょう。

1
首を振るのも耳がかゆいから

耳にかゆみや違和感がある場合は、後ろ足を耳の中に入れてかくだけでなく、首を振るといったしぐさをします。耳の内部に異常が見つからなくても、頻繁に首を振ったりするようであれば動物病院へ。

毛づくろいか異変か

後ろ足で耳をかくのはよく見るしぐさ。しかし、頻度が多かったり、異様な強さでしているなら違和感があるのだと気づいてあげて。

2
耳の内部がカサカサしている

老ウサギは免疫力が落ちるので、耳ダニが発生しやすくなります。内部がカサカサしたり耳垢がたまったりしていたら、耳ダニの増殖を疑いましょう。ひどいかゆみで耳にひっかき傷をつくるだけでなくストレスで食欲をなくすことも。

中までよーく見て

耳掃除は慎重に

素人が安易に耳を手入れすると、逆に傷つけてその傷から二次被害が出てしまうことも。なお、立ち耳のウサギは健康であれば自力で耳の手入れができるので、耳掃除は不要です。

ひたすらお手入れしているのにも意味がある！

ひっかいて感染も

耳が気になると、ウサギは前足で耳をこすったり、後ろ足で耳をかいたりします。耳を強くひっかくことで傷ができ、そこから細菌に感染することも。

3
耳の中に茶色い分泌物がある

耳の内部に細菌が増えると炎症を起こします。奥に茶色い分泌物がたまっていたら、外耳炎を発症している恐れがあるので要注意です。耳掃除を中止し、受診を。

受診のサイン⑥

鼻水やくしゃみが出る

鼻水やくしゃみをともなう症状には人に感染するものも。抗生剤による治療が可能なのでまずは病院へ。

早めの投薬で症状が改善する

ウサギは鼻呼吸する生き物です。鼻の内部が、炎症によって狭くなったり鼻水で詰まったりすると、息ができずに苦しい思いをします。口を開けて「カッカッ」と苦しそうに息をする場合は重症です。

鼻の異常が歯科疾患（P104）に由来することもあります。伸びた歯根が鼻腔に達し、細菌感染してしまい、炎症を引き起こします。まれに鼻の内部に腫瘍（P110）ができている場合もあります。

1
白っぽい鼻水が出る

常在菌のパスツレラ菌が増えて鼻に炎症が起きると、鼻水が出るように。色が透明から白や黄色っぽく変わるにつれ量も増え、鼻炎（P106）と呼ばれる状態になります。

ティッシュ
くださぁい

パスツレラ菌はうつる

パスツレラ菌感染症はズーノーシス（人獣共通感染症）の一種。人にも感染します。黄色い鼻水を出しているウサギは免疫力が低い乳幼児や高齢者に近づけないなど注意が必要です。

2
スナッフルは肺炎になる恐れも

鼻炎の放置は禁物です。悪化するとくしゃみやせきが出始め、肺炎になったりほかの臓器に感染が広がったりして生命の危機に陥ります。ただし、異物を排除しようとする防衛本能で、くしゃみや透明の鼻水が出る場合もあります。防衛本能だとしても、鼻炎の症状が出ていることには変わりないので、動物病院へ連れて行きましょう。

ブルブルしちゃう

前足の毛をチェック

鼻炎のウサギは前足の内側で鼻を拭います。何度も拭っていると毛が鼻水で固まり、カピカピに。前足の内側の毛を見れば、鼻水が出ているかわかります。

トレポネーマ菌は薬で退治？

「ウサギ梅毒」という名前を聞くと、恐ろしい病気のように思いますが、実際には抗生物質の服用でよくなります。

3
鼻の周りがガサガサしている

交尾や授乳でトレポネーマという菌に感染すると鼻の周りがガサガサした状態に。ウサギ梅毒とも呼ばれる感染症で、症状が粘膜の周りに出るため肛門や陰部もガサガサになります。予防のためにも、無理な繁殖は控えましょう。

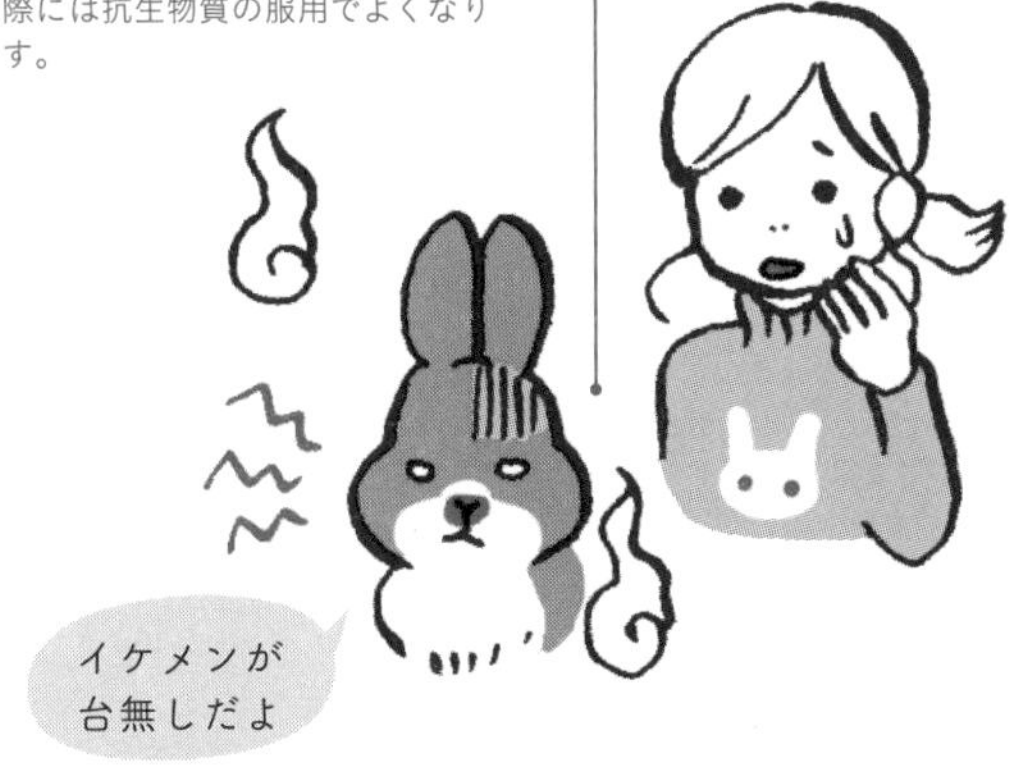
イケメンが
台無しだよ

受診のサイン⑦

よだれが出ている

口内を健康に保つためには、食物繊維が豊富な食事を与えることが第一。異常が胃腸に及ぶ前に対処することが大切です。

よだれかけは
とっくの昔に卒業し
たはずなんだけど

よだれは健康なときには出ないもの

ウサギのだ液は無色でさらさらとしています。健康なときは口内を適度に湿らす程度に分泌され、口の外に垂れることはありません。

口内に痛みや違和感がある場合は、よだれが大量に出ます。ときには口内が見えないほど多く分泌されることもあります。最も多い原因は、噛み合わせがずれて歯が異常に伸びる不正咬合《ふせいこうごう》（P104）です。単に牧草が歯にひっかかっている場合もあります。まずは口内を確認しましょう。

なんだかしっくり
こないなあ

1
不正咬合のサイン

人が口内炎を気にして舌で探るように、常に口をもごもごしている。それは歯が口のどこかに当たって気になっている状態です。すでに口の中が傷ついていることもあるので確認して。

口内の腫瘍《しゅよう》の可能性

まれに、口の中に腫瘍（P110）ができ、それを気にしてもごもごしていることがあります。常に口をもごもごしていたら、動物病院に連れて行くのがよいでしょう。

2
不正咬合の予防は食事から

噛み合わせを悪くさせないためには、繊維質の多い牧草をしっかり食べさせることです。ペレットも繊維質の含有量が多いものを選ぶようにします。

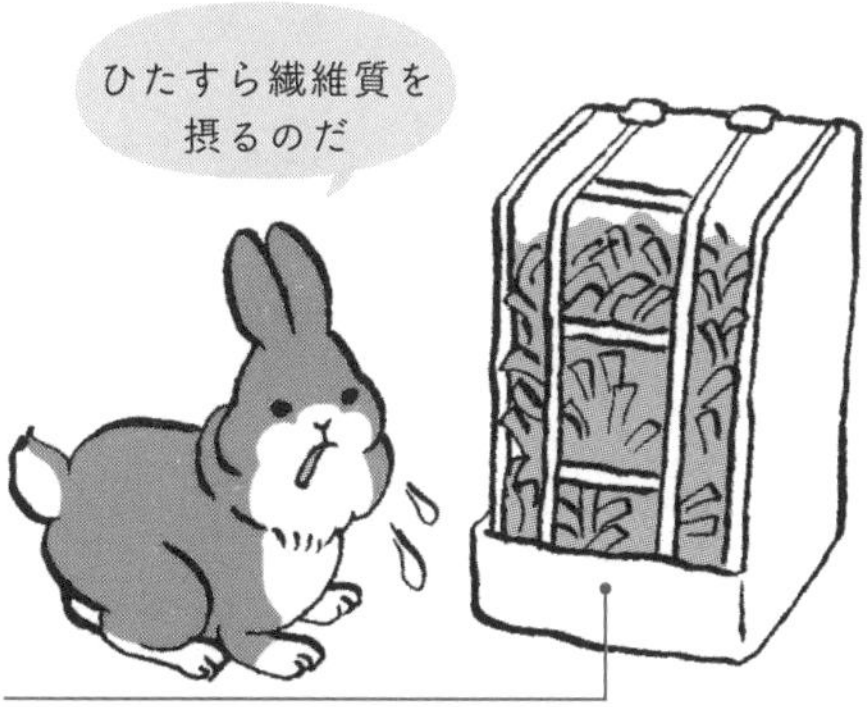
ひたすら繊維質を
摂るのだ

食べ方を変えてみる

牧草を固めてキューブタイプに加工してあるフードもあります。いつもの牧草に飽きている様子なら、少し違う食べ方をさせてみましょう。食いつきがよくなることがあります。

ひんやりアイテムで熱中症予防

人間にとって少し涼しいくらいの気温でも、涼感プレートなど涼めるアイテムをケージに置いておくと安心です。首振り機能のついた扇風機を活用してもよいでしょう。ウサギがプレートを持ち上げて遊んでしまう場合は、大理石製など重みのあるものを選びます。

風通し大事〜

3
熱中症の兆候でもある

よだれで口周りがびっしょり濡れていて、体が熱く、耳がいつもより赤いときは熱中症の可能性があります。体を濡れタオルで包む、霧吹きで水をかけて濡らすなどして、熱を逃がす応急処置をしてから動物病院へ連れて行きます。夏場は水をこまめに飲ませ、ケージに熱がこもらないように保冷剤や凍らせたペットボトルを置いて予防しましょう。

受診のサイン⑧

足をかばうようにして歩く

足をケガしたときには、ほとんど動かなくなることもあります。とはいえ、よく見れば足をかばっていることに気がつくはず。すぐに病院へ。

骨折や脱臼の疑いも

後ろ足の骨折や脱臼はウサギに多く見られますが、高齢になるとさらに増加します。原因はケージの中で暴れる、抱き上げられたときに落ちる、ドアで挟まれる、といったことが挙げられます。ウサギは表情がわかりづらく悲鳴も上げないので、飼い主が不在のときに事故が起きると、気づくのが遅れる場合も。足をかばうなど異変のサインを見逃さないようにしましょう。ケガを防ぐため、へやんぽのときには、安全な住環境（P54〜57）に気を配ることも重要です。

1
ほとんど動かない

ウサギは膝蓋骨《しつがいこつ》や股関節《こかんせつ》が脱臼した状態でも歩ける場合があります。活動量が低下する老ウサギは日頃からあまり動かないので、足の不具合になかなか気づかないことも。

早めに気づくことが大切

ウサギは、骨折や脱臼だけでなく体に不調があると動かなくなることがあります。行動がいつもと違うと感じたら、すぐに動物病院に連れて行きましょう。ウサギの異変に気づけるようになることも大切です。

2
足をかばうように歩く

特定の足をかばって歩く様子が見られたら、その足が骨折や脱臼をしている可能性大。不自然な歩き方に気づけるように、日頃から観察しましょう。

知らないうちにケガをしているかも

高いところから落ちたり、段差につまずいたりしたとき以外にも、大きなアクションもないままいつの間にかケガをしていることもあります。常にウサギの行動に目を光らせて。

3
足を持ち上げるとプラプラする

チェック方法は足を持ち上げてそっと揺らすこと。もし骨折していれば、折れている個所から下がプラプラと揺れます。

揺らせばわかる骨折

骨が薄いウサギは骨折しやすい生き物。気づかずに放っておくと足を切断することになるかもしれないのですぐに病院へ（P98）。

受診のサイン⑨

フケが出ている

健康であればダニが寄生しても免疫によって増殖が抑えられ、大きな問題にはなりません。ダニの増殖は老化の1つともいえます。

高齢になったらダニの増殖に注意

犬や猫に比べ皮膚病の少ないウサギ。とはいえ高齢になったら、寄生虫には注意が必要です。フケを見つけたらダニの発生を疑いましょう。フケは白色で1～2㎜の粉状なので、毛色によってはわかりづらいかもしれません。ブラッシングのときにチェックしてください。合わせて皮膚の異常や脱毛の有無も確認します。

　新陳代謝が活発になる換毛期にもフケが増えることがありますが、これは病気ではありません。

顔周りは
特に入念にね

1 毛づくろいしないとフケが出る

ウサギはとてもきれい好きですが、年をとると毛づくろい（グルーミング）の回数が減ります。毛づやがなくなるだけでなく、フケが出てくることも。そもそも高齢になると免疫力が低下し、ダニが増殖しやすくなります。老ウサギのフケが増えたら、ダニの仕業と思って病院に連れて行きましょう。

体調不良の場合も

成長期の若いウサギなのに毛づくろいしない場合は、体調不良でできないのかもしれません。病気の兆候がほかに出ていないかよく観察してあげて。

2 ブラッシングでダニの寄生を防ぐ

ウサギの体でダニに寄生されやすいところは、肩甲骨《けんこうこつ》の間や腰のあたりです。ブラッシングを念入りに行い清潔に保つと、ダニの寄生を防ぐことができます。

その辺にいる気が
するのだけど……

人もダニに咬まれる可能性がある

ウサギに寄生するダニは、人間を噛むこともあります。なんだかかゆいな、と思ったらウサギにダニが寄生している可能性があります。人を咬むこともあるので、部屋全体の清掃を行います。

イヤーーー！

3 カビが増殖しているのかも

フケはダニの仕業がほとんどですが、カビが原因のことも。カビが増殖して真菌性皮膚炎（P112）になるとフケが出たり、脱毛したりします。

老ウサギはカビの標的

高齢のウサギは、免疫力の低下で皮膚にカビが増殖しやすい傾向にあります。カビの繁殖を防ぐには、ケージ内を清潔に保ち、牧草入れやペレット入れ、飲み水入れを頻繁に洗うことが大切です。

受診のサイン⑩

毛が抜ける

脱毛の予防には、衛生的な住環境を保つことが一番。ストレスの少ない、暮らしやすい環境を提供しなければいけません。

カビや細菌の仕業かも

年齢とともに免疫力は低下し、カビや細菌が増殖しやすくなります。円形に脱毛したりフケが出たりしたら、カビによる真菌性皮膚炎（P112）と考えましょう。目や口、陰部の周りが脱毛したら、細菌による細菌性皮膚炎※（P112）の可能性が高いです。

　肥満や環境の問題で、足裏が脱毛して腫れる足底皮膚炎（ソアホック、P113）を発症することもあります。脱毛は体表のいろいろなところに起きるので、ブラッシングの際に見逃さないようにしましょう。

※　細菌性皮膚炎になるのは、濡れやすいところ。濡れ続けることで細菌が増殖してしまうのです。

1 カビや細菌で脱毛する

ウサギは皮膚炎をはじめカビ（真菌）や細菌の感染による病気が多い生き物です。高齢になると免疫力が落ちるので、いっそう注意が必要です。

ワンポイントハゲ！

カビはあまりかゆくならない

カビは、ダニと違ってかゆみをほとんど引き起こしません。背中あたりが円形脱毛症のようになっていたら、カビの感染を疑ってください。

2 濡れたらすぐに拭く

涙、よだれ、おしっこなどで濡れたところは、細菌が増殖しやすくなります。放置すると病気や脱毛の原因に。こまめに拭いてあげましょう。

気づいてくれて
ありがとう

乾きにくいウサギの毛

ウサギの毛は、綿のようにフワフワで密集して生えているため、水を吸いやすく乾きにくいという特徴があります。濡れてしまった場合は、ドライヤーの音を怖がるウサギも多いのでタオルで根気よく拭いてあげます。

3 後ろ足の裏の脱毛はソアホック

後ろ足の裏が赤く腫れて脱毛することがあります。体重が増えたり、ケージの床がプラスチックや鉄製だったりして、足裏に負担がかかっていることが原因。品種として足裏の毛が薄い場合もあります。

おとなしく見せるのみ

足裏の毛が抜けやすいウサギ

毛が薄く短いミニレッキスや、大型種のフレミッシュジャイアントは、足裏の毛が抜けやすい種です。適正体重を維持したりケージの床にマットを敷いたりして、足裏の毛が抜けないよう管理しましょう。

受診のサイン⑪

体の一部が異様にふくれている

体表のしこりは見つけにくいものですが、普段のスキンシップで発見することもめずらしくありません。

検査をしなければ良性か悪性かわからない

体が部分的にふくれたり腫れたりしている状態を「腫瘤《しゅりゅう》」といいます。腫瘤は、膿瘍《のうよう》※、良性腫瘍《しゅよう》（しこり、できもの）、悪性腫瘍《しゅよう》（がん）に分けられます。

形や大きさはさまざまですが、見たり触ったりしただけでは種類がわかりません。動物病院を受診して細胞の検査（細胞診）をしましょう。結果が出るまでには1週間程度かかることもあります。

※　体の一部に炎症が起こり膿がたまる病気のこと。

1
ウサギもがんになる

ウサギに多い悪性腫瘍は皮膚の腫瘍のほか、メスなら乳腺腫瘍、オスなら精巣腫瘍があります。乳腺腫瘍と精巣腫瘍は高齢になるにつれ発症リスクが高くなりますが、これらは若いうちに去勢・避妊手術を行うことで予防できます。

ほおばってるん
じゃないの

顔が腫れたら膿《うみ》を疑え

膿瘍は顔周りにできやすく、歯に異常がある場合は、細菌に感染し膿となり顔周辺にたまって顔が腫れます。

2
肥満ではない

腫瘤は小さいものから大きなものまでさまざまですが、部分的にふくらむことが特徴。肥満であれば体全体、ガスや腹水がたまっていればおなかがふくらみます。

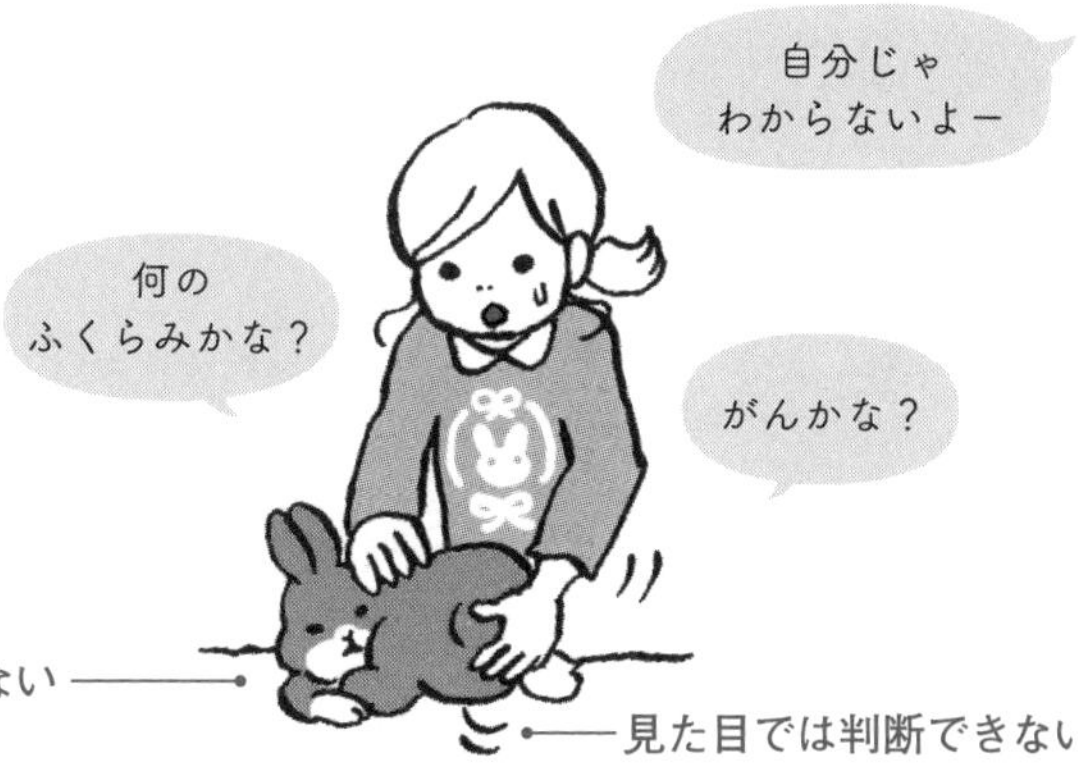
自分じゃ
わからないよー
何の
ふくらみかな？
がんかな？

なかなか気づかないふくらみ

腫瘤の初期症状では痛みは少なく、進行してふくらみが大きくなってから気づくことが多いのです。

見た目では判断できない

部分的に膨れている状態のものは、検査しなければ原因がわかりません。病院を受診して検査してもらいましょう。

3
異変に気づいたらすぐに病院へ

腫瘤は種類にかかわらず小さいうちに見つけた方が、切除も治療も簡単です。見つけたらできるだけ早く獣医師の診断を受けます。腫瘤は深刻な病気に思えますが、さまざまなふくらみの総称です。悲観的にならず、検査結果を待って対処しましょう。

優しく診てね

検査機関にサンプルを送って見てもらう

腫瘤の正体を突き止めるまでの流れは、動物病院でサンプルを採取し、専門の検査機関で検査してもらうというものが一般的です。

受診のサイン⑫

おなかが張っている

おなかのふくらみは肥満と勘違いしがちですが、さまざまな病気が疑われます。見るだけでなく、できれば触って確認しましょう。

おなかがふくれても太ったわけではない

おなかが張る主な原因は、肥満、胃腸のガス、子宮の病気、腹水です。ウサギはフワフワした被毛に覆われているので、おなかの張りが目立ちません。特に長毛種は外見だけで判別するのが困難です。毎日1度は体に触れ、体調チェック（P32）を習慣にすることが大切です。もしおなかの張りに気づいたら、背骨を触って肥満か病気なのかを確認しましょう。肥満なら減量を、病気なら正確な原因を動物病院で突き止めましょう。

※　去勢・避妊手術は病気の予防だけでなく、ウサギのストレスを軽減することにもつながります。オスは縄張り意識が強いため、トイレ以外の場所で排尿や排泄をし、自分のにおいをばらまいて縄張りを主張するスプレー行動をすることがあります。メスは偽妊娠するとイライラして、気性があらくなることもあります。ストレスとなるこれらの行動を減らすこともできるのです。

1
背骨を触って確認する

おなかの張りは腹部のみがふくらむのに対し、肥満は全体的にふくらみます。一見似ていますが、背骨を触ってゴツゴツとした感触がすれば、肥満ではなくおなかの張りです。病気の可能性が高いのですぐ受診を。

骨を感じるなら肥満ではない

全身の肥満と部分的なできものの違いは、骨を感じるかで判断しましょう。

USA
肥満だよね？

2
胃腸で異常発酵している

栄養バランスが偏った食事などによって、胃腸で異常発酵が起きることがあります。その結果、ガスが発生しおなかがふくれることもあります。胃腸の機能低下（P100）を防ぐためにも、日頃から食事は牧草をメインに与えましょう。

これはマズい
気がする
ギュル
ギュル

毛玉が胃に停滞する

毛づくろいで舐めとった毛は飲み込まれます。その毛が胃の中でたまってしまうと、腸にガスがたまってしまいます。

3
メスは子宮の病気に注意

※避妊手術をしていないメスは、高齢になると高確率で子宮の病気を発症します。おなかが張っていると感じたら、子宮の病気を疑いましょう。

女の子だもん

避妊手術で助かる命

メスのウサギは、子宮などの生殖器の病気にかかるリスクがあります。ウサギのことを考えて避妊手術を考えましょう。避妊手術は生後6カ月くらいから受けられます。

受診のサイン⑬

体臭がいつもと違う

抱き上げたり触れ合ったりすることが習慣になっていれば、わずかなにおいの変化にも気づきやすくなります。

においが変わったら病気の可能性を考える

体臭は健康のバロメーターになります。健康なウサギは体臭が少ないものですが、部分的ににおいがきつい場合は要注意です。顔周りのにおいの原因は、歯科疾患（P104）によって出るよだれや膿《うみ》がたまる膿瘍《のうよう》（P110）が考えられます。おなかや陰部の周りなら老化や病気による尿漏れが原因です。子宮の病気が原因なら陰部から血※が出ていることも。肛門周りのにおいが強いのなら下痢が続いているのかも。まずは下痢の原因を病院で突き止めましょう。

※　子宮筋腫、子宮内膜炎、子宮腺がんなどの子宮疾患では、陰部から血が出る場合があります。

よだれがにおいの元の場合も

顔周りがにおうからといって、すべての原因が膿というわけではありません。よだれがにおいの元になる場合があるということを覚えておきましょう。

なんだなんだ？

1 顔周りに膿がたまってにおう

ウサギは犬猫のように口臭が強くなることはほぼありません。顔周りのにおいが変わったら、膿がたまる膿瘍の恐れがあります。

2 尿が毛についてにおう

老ウサギは腰周りの筋肉が落ち、泌尿器の機能も衰えます。おなかや陰部のにおいが強くなったら尿漏れを疑って。老化ではなく泌尿器系の病気の可能性もあるので受診しましょう。

ヨレヨレじゃのう

皮膚がただれてくる

尿漏れすると尿やけになり、さらに状態が進行すると皮膚がただれます。細菌が増殖して皮膚炎になることも（P112）。尿漏れに気づいたらタオルで拭いてあげるなどの対処を。

かぶの葉
大根の葉
小松菜
おいしいんだけどね

3 軟便が毛につきにおう

歯科疾患や胃腸の不調、ストレスによって下痢をすると、毛についた便がにおうだけでなく、肛門周りのにおいが強くなります。下痢が続くと肛門の周囲がただれてしまうこともあるので、注意しましょう。

カルシウムは尿、炭水化物は便に異常

大根の葉、かぶの葉、小松菜など、カルシウムを多く含む食材を摂り過ぎると尿に異常があらわれるリスクが高まります。一方、サツマイモ、麦、大豆、ウサギ用ビスケットなどには炭水化物が多く含まれており、下痢や便秘を引き起こします。

受診のサイン⑭

排尿に異常がある

トイレシートを片づけるときにチェックするのを習慣にします。おかしいと思ったら、トイレシートを持って動物病院へ。

尿《にょう》道《どう》閉《へい》塞《そく》、頻《ひん》尿《にょう》、ぼうこう炎を見分ける

排尿の異常は命にかかわる場合があります。怖いのは尿が出なくなる尿道閉塞※。放置すれば1日半で命を落とすこともある病気です。排尿の回数が増えるのは頻尿。尿が漏れてしまうだけでなく、頻繁にトイレに行くものの尿道がふさがって排尿できないケースもあるので要注意です。多尿は腎機能の低下が疑われます。

異常にいち早く気づくためにも、排尿の量や回数を日頃から確認しておきましょう。

※　ウサギに多く見られる尿道閉塞の原因は結石が詰まる尿路結石です。

ちょっとトイレな
気分じゃないし

1 量や回数がいつもと違う

健康なウサギなら、1日に2～3回は排尿があります。量を調べるときはトイレシートを裏返して置いておき、ウサギがおしっこをしたら採取して量りましょう。量が少ない場合はぼうこう炎の可能性も。これは免疫力が低下したウサギによく見られる病気です。

半日以上排尿がないなら病院へ

排尿できなくなると命にかかわります。12時間以上排尿していない場合はすぐ病院へ。尿路結石（P108）などが疑われます。長時間留守番させていたときは、トイレシートを見て排尿の有無を確認しましょう。

2 いつもと違う色が続く

ウサギの尿は食べ物の色に影響されるので、乳白色からオレンジ色まで色味に幅があります。もし食事として与えていない色が出たら病気のサインかも。赤色の尿は血尿の恐れがあります。色がわかるように、白色に近いトイレシートを使うのも一案です。

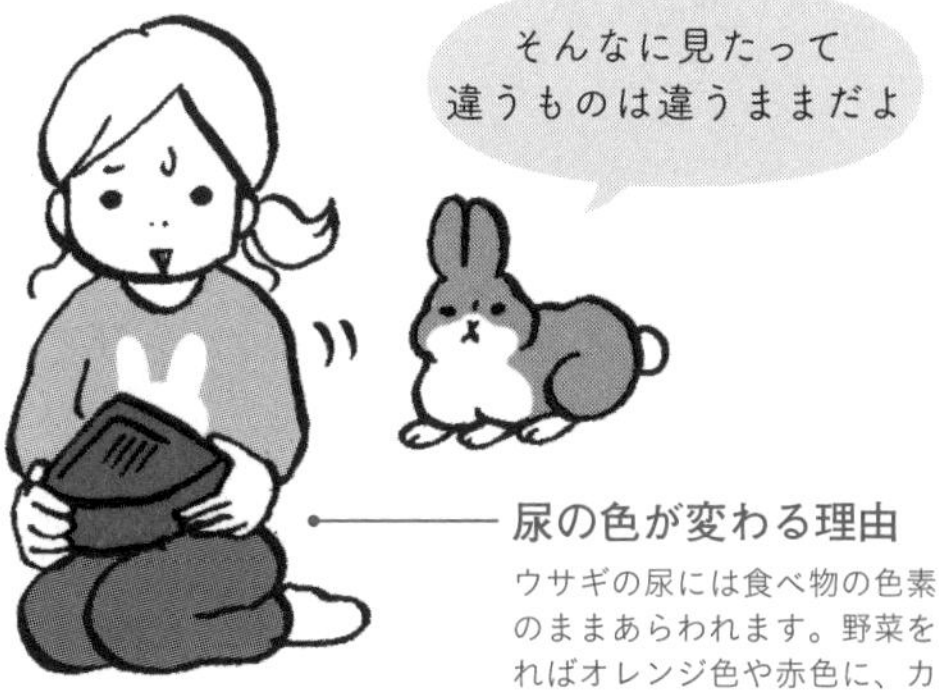
そんなに見たって
違うものは違うままだよ

尿の色が変わる理由

ウサギの尿には食べ物の色素がそのままあらわれます。野菜を食べればオレンジ色や赤色に、カルシウムの過剰摂取でそれが尿に溶け出せば乳白色になります。

3 血尿は子宮の病気の可能性も

子宮腺がんや子宮内膜炎になると尿に血が混じることも。生殖器の病気は初期の段階では目立った症状がないので、定期的な検診で見つけてあげたいものです。若い頃に去勢・避妊手術をしておくのが一番の予防策です。

早く気づいてね

メスが子宮の病気になる確率はかなり高い

生殖器の病気は5歳以降に多くなります。メスの方が圧倒的に発症確率が高く、未避妊だと5歳以降のメスの6割が子宮の病気を発症するといわれています。

受診のサイン⑮
排便に異常がある

下痢の主な原因は食物繊維の不足です。牧草を食べない、やわらかくしたペレットしか食べない、そんなウサギは下痢になりがちです。

便のチェックを日課に

食物繊維が少ない食事を続けたり、不《ふ》正《せい》咬《こう》合《ごう》（P104）など歯科疾患により食べる量が減ったりすると、胃腸の機能が低下します。そうすると、下痢のほか、便の量が減る、便が出ないなど排便に異常があらわれます。健康時の便の色やサイズ、量、状態、回数をチェックして、胃腸障害（P100）の早期発見に役立てましょう。また、換毛期以外の時期に数珠つなぎの便が出たら、毛を飲み込みすぎているのかもしれません。住環境にストレスを感じていないかなど原因を探りましょう。

1 健康時の便は食べている牧草と同じ色

健康であれば、牧草に近い色の便が出ます。食べたものを記録しておけば、便との関係が分かります。違う色の便が続いたときは病気を疑いましょう。

理想的な便

牧草色で、つぶすと繊維がボソボソするような牧草っぽさを少し感じる便が理想的。

2 大きさや形がいつもと違う

ウサギの品種や体のサイズを問わず、便の大きさや形はパチンコ玉程度です。小粒になったら食べる量が少ない、軟便になったら胃腸などに問題が起きている可能性があります。

排便できない

便の量が少ない、あるいは出ない場合は、胃腸の働きが悪くなっている恐れが（P100）。日頃から便の量を確認しておき、変化を見逃さないようにしましょう。

食べた量と出した量が釣り合っているか

たくさん食べたのに、それに見合った量の便が出ていなかったり、サイズが小さかったりすると便秘の疑いがあります。便秘の予防策には牧草やほうれん草など繊維質の多いものを与える、運動させるなどがあります。

3 下痢になっている

下痢になったときには、食物繊維の多い牧草や根菜類などをたっぷり与えて、栄養バランスを整えてあげてください。

胃腸を常に動かす

ウサギの胃腸は、ずっと動いていないと不具合が生じます。便の様子でウサギの胃腸の状態を把握しましょう。

品種によってかかりやすい病気がある

病気やケガのリスクはウサギの品種に加え、遺伝や個体差で異なります。共に暮らすウサギをよく知ることが予防になります。

そのかわいさが弱点に

ペットとして飼われているウサギの祖先となるのがアナウサギです。体長40㎝ほど、短毛で立ち耳といったアナウサギを元に多くの品種が生まれました。大型や小型化された品種、長毛や垂れ耳の品種もメジャーです。本来あるべき容姿から変化した部分はチャームポイントですが、病気を発症したり傷を負ったりしやすいウィークポイントでもあります。まずは共に暮らすウサギの特徴をよく理解し、適切なケアや環境づくりを行うこと。飼い主の愛情がウサギの健康を支えます。

おチビだよ

小型種のウサギ

ネザーランドドワーフ、ドワーフホト、ミニレッキス、ダッチなど。体長30cmほどで、体重は1kg台から3kg台までと幅広い。

1

小型は臆病なので ケガをしやすい

小型のネザーランドドワーフなどは、臆病な性格の傾向にあります。怖がってパニックになり、ケガをすることも。スキンシップのときに注意しましょう。

こう見えてウサギ
ですから

大型種のウサギ

フレンチロップ、フレミッシュジャイアント。いずれも体長50cm前後、体重5〜6kgほど。

2

大型は足裏に 負担がかかる

大型のフレンチロップなどは、体の重さで足裏に負荷がかかり、足底皮膚炎（ソアホック、P113）を発症しやすくなります。ケージの床材をやわらかいものに換え負担を和らげましょう。

ふっさふさ
でしょう？

長毛種のウサギ

ジャージーウーリー、イングリッシュアンゴラなど。また、ライオンヘッドは顔周りや体の下側が長毛で背中は短毛です。

3

長毛は毛球症《もうきゅうしょう》と 皮膚疾患に注意

長毛のジャージーウーリーなどは、毛球症（P100）になりやすい傾向があるので、定期的なブラッシングで予防しましょう。皮膚疾患（P112）にも注意が必要です。

垂れ耳がチャーム
ポイントなの

垂れ耳のウサギ

ホーランドロップ、アメリカンファジーロップなど、ロップイヤーと呼ばれる耳を持つ品種。

4

垂れ耳は 汚れがたまりがち

垂れ耳のホーランドロップなどは、立ち耳に比べて通気性が悪く、汚れがたまりやすくなります。月に1回は耳のチェックをする必要があります。

COLUMN

3 ウサギの命を優先した骨折治療

ウサギの足は骨が細く軽いので、骨折しやすい傾向にあります。高齢になるといっそうの注意が必要です。しかし、飼い主さんが注意をしていても、思いがけない理由で骨折してしまうことがあります。

避妊手術をしていないメスは、子宮がんが骨に転移し骨折するケースが多く見られます。理想の治療方法は、命にかかわる子宮がんを摘出し、次に骨をつなぐ手術を行うことです。しかし骨に腫瘍が転移して骨折した場合は、手術をしても治すことは難しく、ウサギの体に負担をかけます。老ウサギの場合、手術に耐える体力がない可能性もあります。命を最優先に考えると、子宮がんを摘出した後は、骨折した後ろ足を切断（断脚）する手術を行うことが望ましい場合もあります。断脚の手術は骨をつなぐ手術に比べて短時間ですむため、老ウサギの負担を最小限にできるからです。理想の医療と命を最優先にする医療の違いを知っておきましょう。「断脚はかわいそう」と思う飼い主さんは多いのですが、介護をすれば日常生活への支障もあまりありません。命を最優先にした治療により、3本足で元気に生活するウサギもたくさんいます。

第4章

終末期のウサギに多い病気とケア

消化器の病気①
胃腸のうっ滞《たい》への対処法

胃腸の機能低下は、ウサギの命にかかわります。日頃から食事の減り具合や便の様子をよく観察しましょう。

胃腸の健康が一番大事

消化器系の病気で代表的なのが、胃腸のうっ滞です。うっ滞とは胃と腸の機能が低下して起こる症状の総称。下痢や便秘をはじめ、グルーミングのときに飲み込んだ被毛が胃の出口をふさぐ（毛球《もうきゅう》症）、おなかにガスがたまる（鼓腸《こちょう》症）など症状はさまざまです。

下痢や便秘など慢性的なものと違って、腸の中で毛玉が詰まる腸閉塞などの急性的なものは命にかかわる場合があります。緊急な手術が必要になることもあり、早めの対処が欠かせません。

1
吐けないから おなかにたまる

犬や猫の場合、消化器系に異変が起きると吐くことがあります。ウサギは、犬や猫よりも胃の入り口の筋肉が発達しているため、吐くことができません。

万一吐いた場合は

ウサギの体の構造上、胃の内容物を吐くことはないのですが、ごくまれに吐くことがあります。粘度の高い液体が鼻や口につくと、呼吸しづらくなるので、吐いた場合はすぐに動物病院へ連れて行きます。吐いたものを持参したり、写真に撮ったりして、獣医師に見せると原因の究明に役立ちます。

2
うっ滞の予防法

うっ滞を防ぐには、1日1回の適度な運動が大事です。また食物繊維や新鮮な牧草を食べさせたり、ブラッシングで被毛が口に入らないようにしたりすることなども重要です。

1日1回はブラッシングを

ブラッシングを習慣にして胃に毛が入らないようにしましょう。

3
強制給餌《きゅうじ》は 獣医師の診断を受けてから

強制給餌とは強制的に食事をさせること（P137）。病気によって強制給餌をしていいもの、してはいけないものがあります。食欲不振だからと自己判断で行わず、必ず獣医師の診断を受けましょう。

シリンジの選び方

強制給餌に使うシリンジは筒が細くて長いものを選びます。シリンジの筒が太いと、少し押しただけでも大量に中身が出てしまいます。

消化器の病気②

急性胃拡張（腸閉塞）への対処法

昨夜は元気だったのに。急性胃拡張の症状は急にあらわれます。そのサインを見逃さず、すぐに病院に連れて行きましょう。

異常があったらすぐ病院へ

元気だったウサギが急に動かなくなってうずくまったり、食欲がなくなったりしたときは、急性胃拡張の疑いがあります。このような症状が見られたら、早めに病院に連れて行きましょう。同じような症状でもほかの病気は2～3週間様子を見ても大丈夫ですが、急性胃拡張は2～3日で死ぬ可能性の高い、怖い病気です。強い痛みのある病気なので、早い受診が重要です。

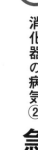

1
病気のサイン

朝は食べていたのに、夕方は何も食べていないし水も飲んでいない、朝からずっと同じ場所にいるときなどが要注意です。ただし、犬や猫と違いエサを与えたからといってすぐに食べるわけではないため、少し見守ることが大切です。

うずくまって動いていない

ウサギが痛いかどうかは判断しづらいもの。うずくまって動いていない症状が1つのサインだ。

2
急性胃拡張の治療法

強い痛みを発生するため、傷み止めの薬を飲ませたり、点滴で投与したり、場合によっては開腹手術や口からチューブを入れて胃圧を抜く処置などをすることもあります。

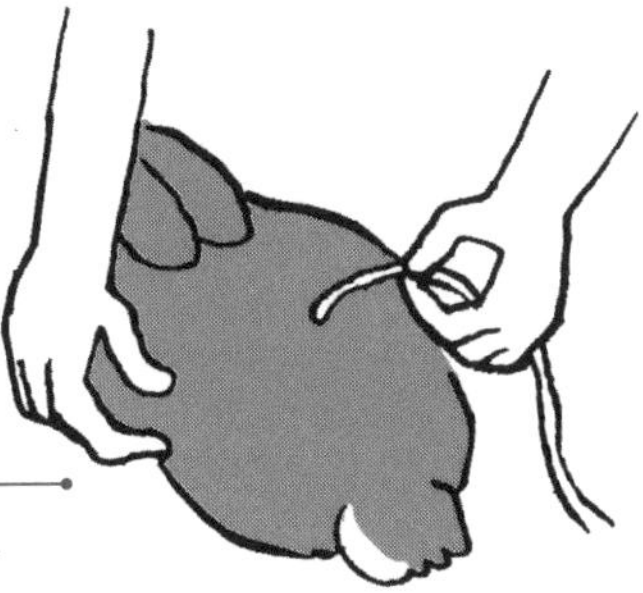

点滴で投与

痛み止め薬を点滴で投与することもあります。

3
進行は急速！

受診が遅くなればなるほど急死のリスクが高まります。「こんなことで病院に行ってもいいのかな？」と自己判断する前に受診することが、ウサギの命を救います。

受診は早く！

いくら病院に連れてきても、遅ければたとえ手術をしても助けられない可能性も。異変を感じたらすぐに病院へ連れて行きましょう。

歯の病気

不《ふ》正《せい》咬《こう》合《ごう》への対処法

不正咬合になると伸びた歯で口内が傷つき、歯根に膿《うみ》がたまる膿瘍《のうよう》（P110）などほかの病気を2次的に起こす可能性もあります。

病気から身を守るには噛み合わせが大切

ウサギの歯は生涯にわたって伸び続けます。それでも一定の長さを保っているのは、上下の歯がきちんと噛み合っているからです。繊維質の多い牧草を上下の歯でこすり合わせて食べることで歯を削り、噛み合わせを保ちます。

歯が少しでもずれると、噛み合わせが悪くなり（不正咬合）、歯が異常に伸びてしまいます。この場合は1カ月に1回、動物病院で歯を削って対処します。

1 遺伝や落下事故も原因の1つ

不正咬合を引き起こす主な原因は、食事の繊維質不足。生まれつきあごの形に問題があったり、落下事故で歯がずれてしまったりして発症する場合もあります。

ケージを噛んでずれる場合も

遊びや食事を要求するためにケージを噛むウサギがいますが、この行動で噛み合わせがずれることがあります。

2 歯の種類ごとの治療法

切歯（前歯）が伸びるとうまく食べ物をくわえられず、やせてくることがあります。切歯は、麻酔を使わずに歯科用の器具でカット・調整できます。

臼歯（奥歯）が伸びると食べ物をうまくすりつぶせないので食欲不振や下痢（P100）などを起こします。臼歯は、全身麻酔をして削ったり抜いたりする必要があります。獣医師と相談して、治療を進めましょう。

無理にかじらせない

歯が伸びすぎないよう、かじり木を与える場合があります。無理にかたいものをかじると切歯が折れることもあるので歯の状態に合ったものか確認して与えましょう。

3 定期的にトリミングする

草食動物は牧草などのかたい草を毎日食べるので、歯がすり減ってしまいます。そのため、常生歯《じょうせいし》という生涯伸び続ける歯を持っていて、ウサギの歯も1カ月に約1cm伸びるといわれています。病気などでやわらかい食事だけを長期間与える場合は、歯の成長に摩耗が追いつかず伸びすぎてしまうので、動物病院でトリミングしてもらいましょう。

一生の病に

歯の病気は一度発症すると一生つきあわなければなりません。定期的に歯のチェックをしてもらいましょう。

呼吸器の病気

鼻炎への対処法

鼻炎の発症率は住環境によって変わります。
ストレスに弱いウサギを病気から守るには、
過ごしやすい環境をつくることが大前提です。

気道に負担をかけない

老ウサギは免疫力が低下するので、細菌による鼻炎などの感染症※を起こしやすくなります。病気を防いだり、悪化させたりしないためにも、複数飼いの場合はほかのウサギと接触させないよう、ケージを分けて感染経路を断つ必要があります。

　ケージの掃除を怠ると、糞尿のアンモニアによる刺激で鼻炎を発症することがあります。清潔な住環境を保つことが必要です。また、バランスのよい食事を与えて免疫力を高めることも重要になります。

※　パスツレラ菌感染症

再発しちゃった

1
加湿で鼻炎を抑える

鼻炎を発症したら、鼻水を拭い被毛を清潔に保ちます。室内の湿度を40〜60%にしておくと鼻の通りがよくなり、鼻炎の症状を抑えることができます。

薬が効きにくいこともある

鼻炎は抗生物質で治療しますが、菌が鼻の中にいる状態だと薬が効きにくく、再発することもあります。

2
呼吸器系の病気の対処法

呼吸器系の病気には、鼻炎のほかに肺炎や肺水腫などがあります。肺炎はひどい鼻炎の延長で発症し、肺水腫は心臓病が原因の場合が多くあります。抗生物質の投与や手術など、治療方法はさまざま。予防に一番効果的なのは住環境を清潔に保つことです。

息苦しいのは鼻炎だけじゃない

心臓や肺にできた腫瘍（P110）の影響で息苦しくなっている場合があるので、動物病院でレントゲン検査などをして調べ、腫瘍の有無や位置、悪性か良性かを判断します。

どれをチョイス
しようか

3
病気をコントロールする

呼吸器系の病気には完治が難しいものもあるため、必要に応じた投薬で病気とうまくつきあっていきます。呼吸が苦しいときは酸素室や酸素ボンベなどを利用しましょう。

ちょっと
楽になったよ

酸素ボンベの相場

携帯できるタイプの酸素ボンベなら、2,000円前後で手に入ります。酸素室のレンタルもあるので、自宅に取り寄せるときの料金を確認してみましょう。

泌尿器の病気

尿路結石への対処法

尿路結石は手術でしか治療できない病気です。手術後は安静に過ごさせ、カルシウム含有量の多い野菜などはあまり与えないように。

カルシウムの摂りすぎに注意する

高齢になると、尿を生成する腎臓の機能が低下します。そのため、腎不全や尿路結石、ぼうこう炎といった※泌尿器の病気が増えるのです。

若いウサギであってもカルシウムを多く摂りすぎると、結石が形成され尿の通り道（尿路）が詰まり、排尿困難などさまざまな問題が生じます。結石は手術で取り出すことができます。再発を防止するためにも、日頃から栄養バランスのよい食事と新鮮な水を与えることが大切です。

※　尿をつくり、排泄する器官。腎臓や尿管、ぼうこう、尿道からなる。

腎臓疾患は定期検診で見つける

泌尿器の中でも腎臓の病気は初期症状がわかりにくいため、発見が遅れがちです。5歳をすぎたら半年に1回程度、尿検査、血液検査、レントゲン検査で調べてもらいましょう。

1
泌尿器系の病の治療法

尿路結石の場合は、レントゲンで結石の位置や大きさを確認してから、摘出手術を行います。手術後は、自宅で安静にできる環境をつくることが大切です。ぼうこう炎は、尿やエコー検査、レントゲン検査の上、抗菌剤の注射や飲み薬が処方されます。腫瘍《しゅよう》(P110)や結石が原因でぼうこう炎になっている場合は、手術をすることもあります。

2
バランスよい食事で尿路結石を防ぐ

尿路結石を防ぐには、小松菜、大根の葉、かぶの葉などのカルシウムが多く含まれている野菜はあまり与えないようにします。牧草もマメ科のアルファルファはカルシウムが多いので、イネ科のチモシーを選んで。

カルシウムが増えると

砂っぽいドロドロした尿が出てきたら、カルシウムの摂りすぎを疑いましょう。

3
ぼうこう炎対策は水分を摂ること

飲水量が足りているか、毎日確認しましょう（体重1kg当たり約100ml)。水を飲む習慣をつけておくことも大切。自力で飲めない場合や飲みたがらないときはP41を参考にして水分をうまく摂らせます。

太らせないことも大切

栄養バランスのよい食事と新鮮な水でぼうこう炎を予防できます。また、肥満も原因の1つなので太らせないように注意しましょう。

腫《しゅ》瘤《りゅう》（膿《のう》瘍《よう》・腫《しゅ》瘍《よう》）への対処法

膿瘍は状態により抗生物質の投与や手術で切除します。腫瘍は良性か悪性か、どの部分にできたかなどを勘案し、可能な場合は手術で切除します。

完治するためには家での努力が必要

腫瘤[※1]は手術などで取り除きます。なかでも膿瘍の治療では、術後に再び膿《うみ》がたまらないように、切開した患部の洗浄を日課にする必要があります。毎日欠かさず動物病院に通うのは、なかなか難しいものです。通院は週1～2回行い、それ以外の日は可能であれば家で飼い主が患部の洗浄[※2]を行いましょう。膿瘍の完治には1～2カ月くらいかかります。根気も必要になりますが、治療効率を高めるためにも家でのケアが重要になります。

※1　体の表面や内部にできたできもののこと。
※2　必ず獣医師の指導を受けてから行います。

1
予防できる腫瘍もある

生殖器の腫瘍は不妊手術で予防できます。去勢・避妊手術は生後半年すぎ、早期に行うのが理想ですが、命にかかわる病気から守るためには年齢は関係ありません。

腫瘍の治療法

薬で治せる場合や切除手術ができる場合もありますが、取り除けない場合は緩和ケアに移行し、つらさを和らげてあげます。

2
膿瘍の洗浄の行い方① ゾンデを用意する

動物病院から支給されるゾンデ(針先が丸くなっている注射針のようなもの)と、生理食塩水を用意します。患部の洗浄中にウサギが暴れる可能性があるため、できれば2人で行います。どうしても暴れるときは、ウサギの顔だけ出してタオルに包み、1人がウサギをしっかり抱えます。

ゾンデとは

細い管状の医療器具。シリンジの先に取り付け、経口投与、給餌、洗浄など幅広い場面で使われています。

生理食塩水の温度

膿瘍の洗浄に使う生理食塩水の温度は、人肌程度です。動物病院でもらってきた生理食塩水を自宅で温めて使ってください。

3
膿瘍の洗浄の行い方② 洗浄する

切開してできている穴の部分に、生理食塩水を入れたゾンデの先を刺し、ゆっくりと流し込みます。洗浄は1日1回を目安にして行います。

皮膚の病気①

皮膚炎への対処法

1
皮膚炎の原因

真菌性皮膚炎は皮膚糸状菌というカビ（真菌）が原因です。健康な状態だと症状はあらわれませんが、ストレスを感じると免疫力が低下し発症します。細菌性皮膚炎は、不正咬合《ふせいこうごう》（P104）や涙嚢炎《るいのうえん》（P116）などのほかの病気が原因で二次的に発症することが多くあります。

免疫低下の原因

免疫力が低下するのは老化とストレスが原因です。老ウサギは特にストレスがない環境で暮らせるように配慮します。

2
皮膚炎の治療法

真菌性皮膚炎になるとフケが出ます。そのフケを観察して菌を特定し、抗真菌薬で対処します。真菌はまれに人に感染するので、接し方を獣医師から指導されることもあります。細菌性皮膚炎の場合、まずは感染の原因になった病気を治療する必要があります。それと同時に、抗菌薬で患部の治療も進めます。

検査で菌を特定する

フケを詳しく調べると、何が原因でフケが出たのかがわかることがあります。

3
皮膚炎の予防策

肝心なのは、衛生的な住環境を保つことです。ケージを洗った後は、しっかり乾燥させてからウサギを戻します。また、歯科疾患が原因となる不正咬合や涙嚢炎にならないよう、歯科検診を定期的に受けることも重要です。

しっかり乾かす

水気が残り湿ったままのケージにウサギを入れると、菌が繁殖しやすくなります。天日で乾かすとよいでしょう。

皮膚の病気②

足底皮膚炎（ソアホック）への対処法

1
ソアホックの原因

ウサギ自身に原因がある場合と、住環境に原因がある場合に分かれます。前者では、遺伝的に生まれつき足の裏の毛が薄いことや、※スタンピング行為が多いこと、肥満で足に負担がかかることなどが挙げられます。後者では、生活に適さない床（滑る素材、平らすぎる、不衛生など）を排除する必要があります。

気にいらないんじゃ！
ダンッ

飼いウサギも足ダンする

飼いウサギは不満があるときや威嚇するときに、スタンピングすることが多いといわれています。中には、嬉しいときや興奮したときにもスタンピングするウサギもいます。

2
薬を塗って住環境を整える

塗り薬を患部に塗ります。また、肥満が原因なら減量を、住環境が原因なら生活に適した床に変えて、できるだけ足に負担をかけないで歩けるようにしましょう。

やさしく塗ってね

後ろ足だけじゃないソアホック

段差の上り下りの際に前足に体重がかかり、皮膚がすれてしまいます。それを繰り返すうちに、前足にソアホックができる場合もあります。

3
床をでこぼこさせる

ウサギには肉球がないので、足裏の一部だけを床につけて歩いていると、その部分の被毛が薄れ、赤く腫れてしまいます。足裏を均等に使うためには、目の細かいすのこを敷いて、でこぼこした床にするとよいでしょう。また、足裏のチェックが容易にできるよう、抱っこに慣れさせておくことも重要です。

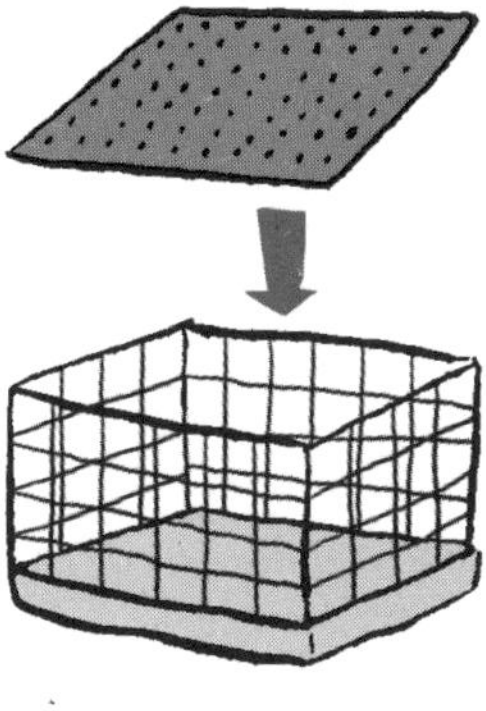

足裏の状態に合ったものにする

木製、金属製、樹脂製などさまざまなすのこが売られています。スタンピング行為が多いなら、すのこと弾力性のあるマットを組み合わせるのがおすすめ。足裏の毛が薄いなら、木製は避けましょう。

※　仲間に危険を知らせるために足を踏みならす行為のこと。

脳の病気

斜《しゃ》頸《けい》への対処法

1

斜頸とは何？

斜頸とはウサギの頭が傾いてしまう状態のこと。主に、エンセファリトゾーンという真菌や細菌の感染により、脳や耳に炎症が起こるのが原因です。体のバランスがとれずに倒れてしまうため寝たきりとなり、介護が必要になります。

ゆ、床が傾いて
見える～!?

平衡感覚が悪くなるから傾く

耳の中にある前庭という器官が寄生虫や細菌に感染することで発症しますが、原因不明で突然発症する場合もあります。頭が傾くのは、前庭が平衡感覚を司る器官だからです。

2

早めの対処が大切

耳の検査、レントゲン検査、採血などをして斜頸の原因を探ります。主な治療法は抗生物質の投与です。初期の段階で対処できれば、治る可能性もありますが、進行の度合いによっては完治が難しい場合があります。

まだまだこれから！

生活上の注意点

悪化させないためには、住環境を清潔に保つことが肝心です。また、首の傾きが大きい場合、目が床に触れて炎症を起こす場合があるので、目にも注意を払いましょう。

3

やわらかいものをケージに敷く

斜頸状態になると、体を横に倒した状態でぐるぐる回ることがあります。ケガ予防のためには、広いケージを避け、やわらかいクッションなどをケージの床に敷いた上で、さらにウサギを囲うようにセットします。

ふわふわジャスト
フィット

ローリング行為

体を倒してぐるぐる回るような行動を、ローリングといいます。腹ばいの状態で回転を繰り返すのでケージ内にいてもケガをしやすくなります。

目の病気① 白内障への対処法

1 白内障とは？

白内障は加齢に伴い発症することも。
目が白く濁り、やがて視力を失います。

原因は老化だけではない

老化による目の質の変化やケガ、ホルモン障害などさまざまな原因から目の水晶体が濁り、白内障になります。

2 薬で進行を遅らせることができる

老化による白内障の場合、視力が戻ることはほとんどありません。目薬で、白内障の進行を遅らせることが一般的な対処法です。ウサギはもともと視力がよくない生き物なので、白内障で弱った視力に慣れれば元気に過ごせることも。

視力の確認法

落としても音がしないものを使って、視力の有無を確かめます。コットンなどをウサギの目の前に落としたときに、目で追わなければ見えていません。

3 模様替えをしない

白内障で視力が落ちてきたり、見えなくなったりしてくると、ものにぶつかりやすくなります。家具の移動や部屋の模様替えを頻繁に行うのはやめましょう。

ウサギを驚かせない

目が見えていないウサギに、どう向き合うべきかを考えましょう。ウサギをいきなり抱き上げたり、触ったりして驚かせないことも大切です。

目の病気②
結膜炎への対処法

1
アンモニアやパスツレラ菌で発症する

眼球の表面とまぶたの内側、それぞれを覆う粘膜を結膜といい、まぶたの内側の粘膜が炎症を起こした状態が結膜炎です。尿から発生するアンモニアやパスツレラ菌の感染で発症します。

目を傷つけないように

ケージの中にあるほこりや牧草のくずなどの異物が目に入って結膜炎になることもあります。住環境を清潔にしましょう。

2
目薬は回数を守って点眼

まずは、動物病院で結膜炎の原因を突き止めます。異物が原因であれば取り除き、細菌が原因であれば抗生物質入りの目薬で治療します。目薬は、動物病院で説明を受けた回数を守って点眼しましょう。

濡れっぱなしはNG

目元が濡れたままだと、皮膚炎を引き起こす原因になります。濡れたら拭き取るくせをつけましょう。

3
再発防止策

涙や目やにを拭き取り、目の周りを清潔に保つことが必要です。目の異常は、ほかの疾患で見られる症状でもあるので、楽観視せずに、どこか異常がないか動物病院で検査しましょう。

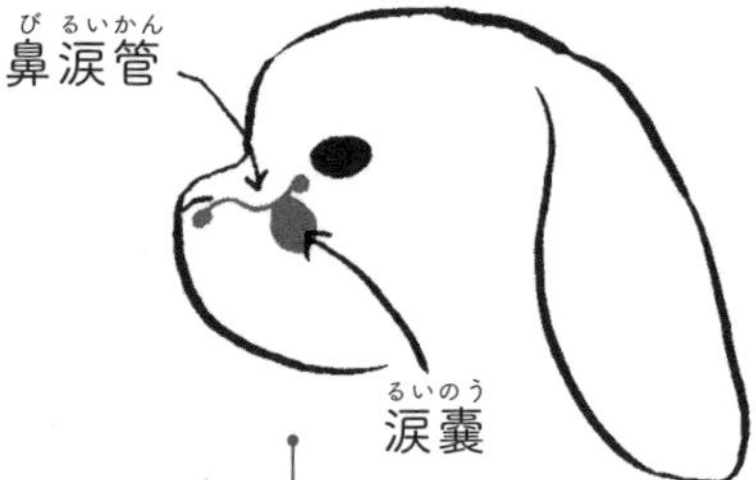

不正咬合《ふせいこうごう》が原因の場合もある

歯の付け根が目の近くにあるため、不正咬合（P104）で歯が伸び続けてしまうと、鼻涙管が圧迫され、涙嚢炎《るいのうえん》を引き起こすことがあります。

耳の病気

耳ダニ・外耳炎への対処法

1

耳ダニ症が外耳炎《がいじえん》を引き起こす

耳ダニとは、その名の通り耳に寄生するダニの一種です。ひどいかゆみに襲われたウサギはストレスを感じます。特に老ウサギは免疫力が低下しているので、耳ダニに感染しやすい傾向があります。耳の中でダニが繁殖すると炎症を起こし、外耳炎を引き起こします。

かゆいかゆい
かゆい

耳ダニ症から発展する病気

外耳炎のほかにも、中耳炎《ちゅうじえん》、内耳炎《ないじえん》などを引き起こす可能性があります。耳の炎症が重症化すると、斜頸（P114）などの神経症状につながる恐れもあります。また、耳が気になって食欲不振になり、胃腸のうっ滞（P100）になることもあるので、耳を気にするそぶりを見かけたら動物病院に行きましょう。

2

耳ダニを駆除する

耳ダニ症は薬で治療します。耳の中に耳ダニやその卵が少しでも残っていると再発するので、完治するまで根気強く治療します。駆除薬には皮膚滴下剤（スポットタイプ）、点耳薬、注射薬などさまざまなものがあります。

なんとかしてよ、
飼い主

治療は長期戦

投薬治療では耳ダニの成虫を駆除するだけで、卵は駆除できません。そのため、一度の治療で完治することは困難です。耳ダニの成長周期である約3週間を目安に2〜4回の治療を行い、成虫を全滅させていきます。

3

清潔な環境で触れ合う

室内で1羽飼いの場合、耳ダニがウサギに寄生することは滅多にありません。しかし耳ダニは感染力が強いので、接触感染に気をつけます。よそのウサギを触った後は必ず手を洗いましょう。ウサギを新しく迎え入れるときには動物病院で検査してから対面させます。

プライバシーを
確保してね

複数飼いは気をつける

ウサギが集まっている場所は、耳ダニの温床になりやすいといえます。1羽でも耳ダニに感染したら、次々にほかのウサギへと感染していく可能性があるのです。

寝たきりと向き合う①

環境を整える

寝たきりにさせないためにも、抱っこしているときや高い場所からの落下事故にはくれぐれも注意するようにします。

ウサギに合わせて環境を整える

ウサギが寝たきりになる主な原因は、斜頸《しゃけい》（P114）のほか、老化による足腰の衰弱や背骨や足の骨などの骨折です。ウサギはもともと骨が丈夫ではありませんが、加齢に伴い骨も弱くなります。それだけに老ウサギはより骨折しやすく、骨折するとなかなか治りにくいのです。

寝たきりになったら、少しでも快適に過ごせるよう環境を整えてあげましょう。食事などの世話も介助が必要となります。

1
寝床は慣れ親しんだ場所に

寝たきりになったからと寝床を移動させると、環境の変化がストレスになることもあります。できれば今までと同じ場所に置いてあげましょう。

環境が大切

変に気を遣いすぎたら、逆にウサギの迷惑になる場合も。ウサギの気持ちを尊重しましょう。

2
こまめに給餌《きゅうじ》する

寝床のそばに食器があっても、寝たきりになると自ら食事が摂れません。胃を常に動かすためには、こまめに食事を与えるしかありません。ウサギの状態に応じて、ふやかしたペレットなどの流動食をスポイトやシリンジで給餌します(P137)。

食っちゃ寝がいい

寝るか食べるかしかしない生活も必要なのです。

3
マッサージで四肢のむくみをとる

寝たままで動かないでいると、四肢はむくみやすくなります。足の先から付け根へと少しずつ揉みほぐしてあげると、血行促進につながります。

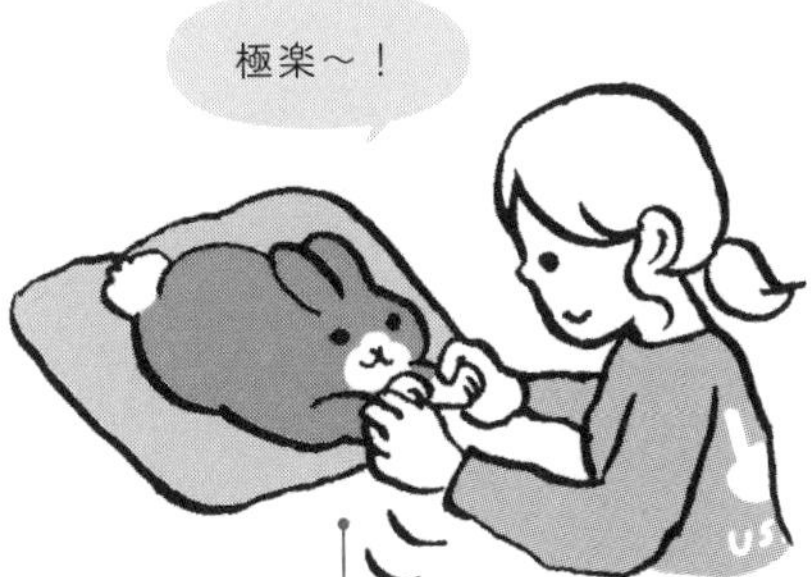

ウサギも喜ぶマッサージ

人間と同じで、足先から付け根へマッサージしましょう。

寝たきりと向き合う②

床ずれを防ぐ

寝たきりになってもバタバタと暴れるウサギもいます。ケガをしないようにやわらかい素材で狭めの寝床をつくってあげます。

症状に合わせた工夫を

寝たきりで同じ姿勢のまま過ごしていると、床ずれの心配があります。床ずれとは体重で圧迫されている部分の血流が悪くなり、皮膚が壊死して、傷ができること。目方が重い大型のウサギは特に注意が必要です。小型のウサギでも圧迫されている部分の被毛がすれて薄くなります。

床ずれを予防するためには、寝返りをうたせる以外に、寝床をウレタン素材など適度な弾力のあるものにするなど状態に合わせた工夫が必要です。

1
体の向きを変えてあげる

長時間同じ姿勢で寝ていると、床ずれを起こしやすくなります。2〜3時間おきを目安にウサギをそっと抱き上げ、寝ている向きを変えてあげます。

サッ
ありがたや

持ち上げて向きを変更

同じペットでも大型犬と比べるとウサギは軽量。持ち上げる際に飼い主が腰を痛める心配もありません。

2
床ずれを起こしやすい部位

ほお、肩、足首、腰、かかとなど骨の出っ張りがある部位は、どうしても体の重みによる圧迫を受けやすいものです。注意して見ておきましょう。

床ずれになりやすい場所
ちゃんと把握しといてね

出っ張りを意識する

ウサギは軽量ですが、床ずれになります。圧迫を受けていないか気にかけましょう。

3
床ずれを緩和するグッズ

寝床にウレタンマットを使ったり、床ずれのできやすい場所にクッションを当てたりして体圧を分散させます。最近はウサギの介護用グッズも充実しているので上手に利用しましょう。

人間もこういうの使うんでしょ？

ウサギ用じゃなくていい

必ずウサギ用のグッズを使わなければならないわけではありません。犬用・猫用・人間用などを試して、ウサギにフィットすればOK。

寝たきりと向き合う③

排泄ケアをする

寝たきりのウサギは免疫力が低下しています。寝床をきれいな状態に保ち、感染症を予防します。排泄物はすぐ取り除きます。

レベルに合わせたケアを

寝たきりでの排泄となっても、少しでも快適で清潔な環境を保つことが大切です。いつ排泄してもいいように、寝床にトイレシートを敷いておき、排泄後はすみやかに交換してあげましょう。トイレシートが汚れたままだと、ウサギが体を動かした際に排泄物で汚れる場合があります。夜間など目を離さざるをえないときは、猫用のおむつを利用するのも1つの方法です。おむつは長時間つけたままだと、蒸れたりするので気をつけます。

おっ、イイ感じ
USA

1
圧迫排尿・排便は獣医師の指導を受けてから

自力で排泄できなくなったら、腸やぼうこう、肛門をマッサージ、圧迫して排泄を促してあげます。必ず獣医師に指導を受けてから行うようにします。

慣れるまでが大変

圧迫排尿・排便にはコツが必要です。1日でできるようになるものではないので、少しずつ慣れていきましょう。

2
食糞《しょくふん》のお手伝い

明け方に出る、ぶどうの房のような形の盲腸便は栄養が豊富に含まれています。ウサギが自分で食べられなくなったら、口元に持っていき、食べさせてあげます。

こんなことまで
すまないね

スプーンで与える

盲腸便もスプーンですくって与えることができます。

3
おしりを清潔に

おしりが排泄物で汚れたら、濡れたタオルなどできれいに拭いてあげます。汚れたままにしておくと、皮膚が炎症を起こします。寝たきりの場合、おしり周りの毛を短くカットしておくと、お手入れがしやすくなります。

おまかせ
USA

頑固な汚れは洗い流す

桶に水をため、おしりだけ浸して汚れを洗い流します（P45）。洗った後は、よく乾かさないと皮膚の病気になるので注意しましょう。

「終末期」の病院の選び方

終末期には予想のつかないことが起こることもあります。獣医師と直接会って、病院を選ぶことが大切です。

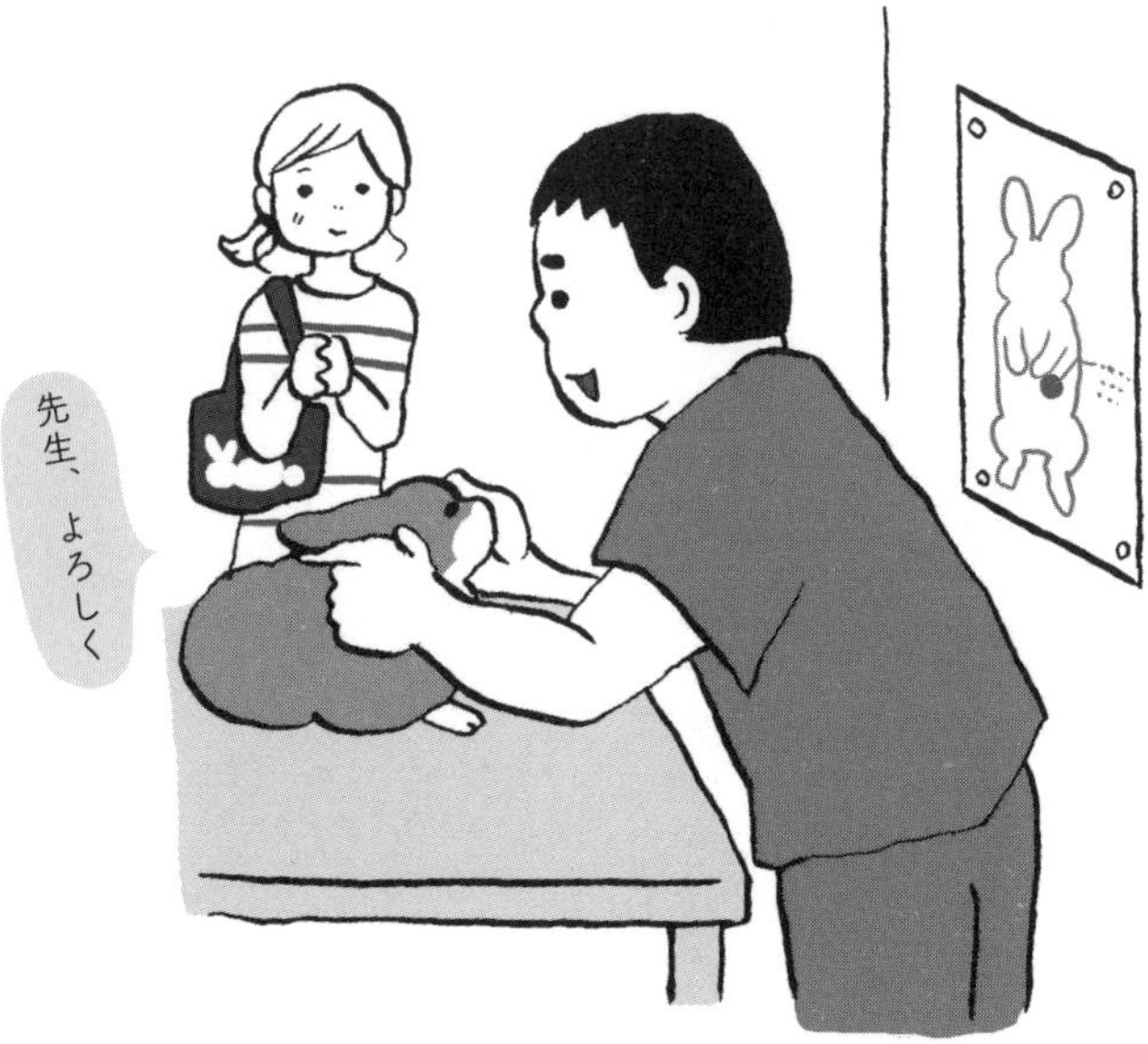

かかりつけ医と信頼関係を築く

年齢を重ねるにつれ、動物病院に通う機会が増えます。看取《みと》りも視野に入れたうえで、信頼できる動物病院を選びましょう。健康診断などを利用し、獣医師の考え方を理解しておくことをおすすめします。

看取りの時期が近くなると、夜間に容態が急変することもあります。緊急時にどこまで対応してくれるかも事前に確認しておきます。ウサギの診察経験が豊富な専門病院（P132）を調べておくと、いざというときも安心です。

1 往診という選択

ウサギの容態が悪く、あまり動かさない方がよいと判断した場合、往診してくれる動物病院もあります。気になる場合は、問い合わせてみましょう。

往診でできること

持ち運べる医療器具が限られるので、往診では対応できないケースもあります。往診ではどのようなことをしてもらえるのか、事前に確認しておきましょう。

2 まず自宅近くの病院を調べる

移動によるウサギのストレスや緊急時のことを考えると、できれば自宅から近い病院が安心。そのほか夜間対応の病院やウサギ専門の病院を調べておくと安心です。

飼い主の交流の場に

動物病院の待合室で、同じような悩みを抱える仲間に出会うかもしれません。悩みを打ち明けたり情報共有をしたりして、気持ちを整理しましょう。

3 考え方が近い病院

介護期、看取り期とどのような医療を望むのか。日頃から獣医師と話して、信頼関係を築いておきます。自分の考え方に近い動物病院を選びましょう（P130）。

よい獣医師の判断材料

医療の技術はもちろん、「コミュニケーションのとりやすさ」は、自分にとってよい獣医師の判断基準になります。

スムーズな通院をしよう

若い頃に比べて、どうしても通院する機会は増えます。ウサギに負担のかからない工夫をしてあげましょう。

日頃からキャリーケースに慣れさせる

通院時のストレスをできるだけ減らしてあげましょう。移動の際や動物病院の待合室では、ウサギをキャリーケースに入れておきます。そのため、若い頃からキャリーケースに慣れさせておくことが欠かせません。遊びの一環としておもちゃやおやつで誘い入れ、キャリーケースが安全で落ち着く場所だと認識してもらう必要があります。キャリーケースの中が少しでも居心地よく過ごせる場所になるよう工夫することも大切です。

1

長時間の移動は控える

振動や音に対してウサギは敏感です。そのような状況が長時間続くのはなるべく避けたいもの。車なら、揺れの少ない後部座席にキャリーケースを固定しましょう。

抱っこで乗車はNG

ウサギが心配で、腕の中に抱いておきたい気持ちもわかりますが、車で移動するときは、必ずキャリーケースに入れましょう。

2

犬や猫に近づけない

動物病院にはいろいろな動物がやって来ます。待合室にいる間、犬や猫などと接触することもウサギのストレスとなります。キャリーケースに布をかけるなどして目隠ししましょう。

視界に入れない

ほかの動物が目に入らないよう気をつけます。診察室に入るまでウサギをキャリーケースから出してはいけません。

3

キャリーの中で安心させるために

好物の牧草や寝床で使っている敷物を入れてあげると落ち着きます。敷物はキャリーケースの中で滑ることを予防するためにも必要です。

敷物のメリット

キャリーケースの中に敷物を入れることには、滑り止め効果のほかにもメリットがあります。敷物があれば、キャリーケースの中で排泄してもケース自体は汚れずにすみます。

入院することになったら

日中、仕事に行っている間だけ入院させておくという方法もあります。どのようにしたいのか家族や医師と相談したうえで、最終判断を。

病院との連絡体制を決めておく

看《み》取《と》り期は容態がいつ急変するか、予測がつかないものです。入院中に状態が悪化すれば、急いで駆けつけなければならない状況も出てきます。自宅に電話がかかってきても留守だったら、最期に間に合わない可能性も考えられます。緊急時のために、動物病院には携帯番号を知らせておき、この時間だったら家族の誰に連絡してほしいなどを伝えておきます。また、緊急時を除いては、入院中の面会時間を守るようにしましょう。

1 入院のメリット・デメリットを考える

入院中は自宅では行えない手厚い看護を受けることができます。その反面、最期に立ち会えない可能性も考えられます。入院するかどうかは、最終的には飼い主自身が判断しなければなりません。

負担を減らす

頻繁な通院は、ウサギも飼い主も大変です。ウサギと飼い主両者の負担を考えましょう。

2 入院ケージに入れたいもの

普段使っているタオルなどの敷物のほか、食器や水飲み器も慣れたものがあると安心します。入院中に与える牧草やペレットもいつも食べているものを用意します。

少しでも快適に過ごしてもらうために

見知らぬ場所で過ごすのはウサギにとってストレスになります。入院ケージには、お気に入りのものを入れていつもと変わらない環境にしましょう。

3 入院中のウサギに会いに行く

面会時になでたり、声をかけたりしたくなる気持ちもわかりますが、ウサギが寝ていたら、そのまま静かに寝かせておいてあげるのも愛情表現です。

うちの子だけじゃない

動物病院に入院しているのは、自分の家のウサギだけではありません。ずっと触れ合っていたいのはやまやまですが、周りの状況を見ながら面会時間を考えます。

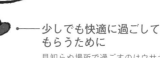

治療の選択肢を知る

積極的に治療と向き合うためには、正しい情報を集め、その中から納得のいくものを選ぶことが大切です。

飼い主も医療に参加する

病気の治療方法はさまざま。何が必要かを見極めることが大切です。「インフォームドコンセント」とは、獣医師から治療の内容などについて十分に説明を受け、飼い主がそれを承諾・選択するという意味です。

治療の選択をしなければならないときには迷うこともあります。そんなときは「どうされたらウサギは喜ぶだろうか」とウサギの目線になって考えてみてください。ウサギにとってよりベストな選択がおのずと見えてくるはずです。

1
「根拠ある情報」を集める

インターネット上には、病気や治療について多くの情報があふれています。専門家が監修しているなど、信憑性があるものを参考にしましょう。

情報をうのみにしない

SNSやブログに書かれている情報がすべて正しいとは限りません。自分にとって都合のいい情報もそうでない情報もうのみにせず、正しいかどうか確かめてから取り入れましょう。

2
治療法を選ぶのは飼い主

獣医師からの説明や自分で集めた情報などから、どの治療法を選ぶのか。後悔しないためにも、しっかり考え、納得したものを選ぶことが大切です。

1つを選択する勇気

たくさんある情報や選択肢の中からウサギに合ったものを選ぶのは、とても勇気がいることです。どの情報を信じ、何を選べばよいのか、ウサギのためによく考えましょう。

3
専門家の意見を聞く

迷ったときには、かかりつけの獣医師に加えて、ウサギの治療に詳しい獣医師から意見を聞くことも、治療方針を判断する決め手の1つになります。

セカンドオピニオンを受ける

主治医以外の獣医師に意見を求めることを、後ろめたく思う必要はありません。本音で通じ合う関係をつくり出すためにも、セカンドオピニオンを受けたいという旨を主治医に伝えましょう。

専門的な病院に連れて行く

ウサギの診療経験が豊富な獣医師に診てもらうことで治療の選択肢が増える場合があります。まずはかかりつけ医に相談します。

ウサギに詳しい獣医のもとへ

自宅からなるべく近い動物病院は、移動のストレスが少なく安心です。ただ、犬猫を中心に診察している動物病院も多く、かかりつけの獣医では治療が難しい場合も。そのときにはウサギの診察経験が豊富な獣医師に診てもらうのも選択肢の1つです。ウサギの扱いに慣れているので、安心してウサギを預けられます。また、かかりつけの病院にはなかった設備が整っている場合が多く、より幅の広い治療法を提案してもらうことが可能です。

1
かかりつけ医から紹介をしてもらう

犬猫以外の飼育小動物をエキゾチックペットといいます。エキゾチックペットを専門で診ている動物病院を、かかりつけの獣医師から紹介してもらいましょう。専門病院と提携しているケースも少なくありません。

予約の10〜15分前には到着しておく

初めてかかる病院では、診察前に必要な書類を書く場合があるので、時間に余裕を持って行動します。

2
自力で専門病院を探す

インターネットやウサギの飼育本で調べたり、ウサギを飼育している知人に聞いたりしてみましょう。

ウサギ専門店を頼る

ウサギ専門店のスタッフに、専門病院に心当たりがあるか聞いてみるのも1つの手です。

もらえるデータは何か

今までの治療の記録や処方した薬のデータ、血液検査やレントゲン検査の結果などをもらうことができます。

3
今までの治療データをもらう

何度も検査を行うのは、ウサギに負担がかかります。かかりつけの動物病院で今までの治療や検査データをもらってから、専門医へ行くようにします。

投薬のキホン①

粉薬・液剤を飲ませる

1

薬の準備

粉薬は水か好きな野菜や果物のジュースで溶かし、液体状にしておきます。シリンジ（針のついていない注射器）に、溶かした粉薬あるいは液剤を入れます。

溶かし残しはないか

ウサギに合わせて薬の分量は決められています。薬を溶かし残していると分量が変わり、正しく効果を発揮しない可能性もあるので、必ず全て溶かしきります。

2

体を支える

飲ませる最中にウサギが動かないよう、片方の手でウサギの体を押さえておきます。抱っこできるなら抱えて、できない場合は床の上で安定させます。

暴れたら目を隠す

ウサギは、目を隠すとおとなしくなります。手でそっと目を覆って安心させましょう。

3

前歯の脇から薬を入れる

前歯（切歯）の脇にある隙間にシリンジを差し込んだら、薬をゆっくり口の中へ流し込みます。

急に流し込まない

ウサギが飲むペースに合わせて薬を与えてください。

投薬のキホン②

目薬を点眼する

1
上から押さえる

ウサギが暴れないよう、上から押さえます。強く押さえすぎないよう気をつけましょう。

無理して抱えない

抱えられるのが苦手なウサギもいます。無理矢理抱えてケガをさせないように注意します。

2
目薬をさす

目薬を持つ手で、まぶたを引き上げます。顔の正面から目薬をさそうとすると怖がる場合もあります。目薬のボトルがウサギから見えにくい頭の方から点眼します。

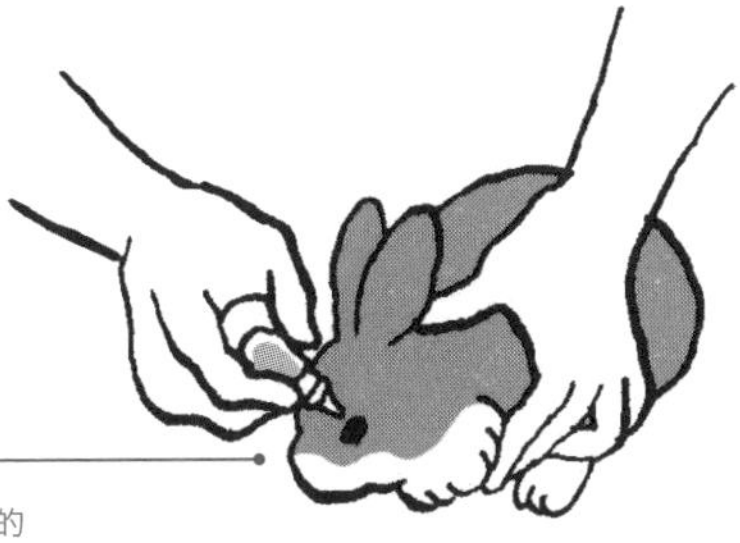

ウサギは点眼しやすい

ウサギはまばたきの回数が比較的少ない動物です。ウサギによっては、まぶたを引き上げなくても点眼できる場合があります。

3
濡れた部分を拭う

目からあふれた目薬で、目の周囲が濡れていたら、ガーゼでやさしく拭います。濡れたままにしておくと、皮膚炎を引き起こすことも。

目を傷つけない

ウサギの瞳は大きいので、大ざっぱに拭うとガーゼやタオルが目に入ってしまう恐れがあります。目を傷つけないように注意して拭いましょう。

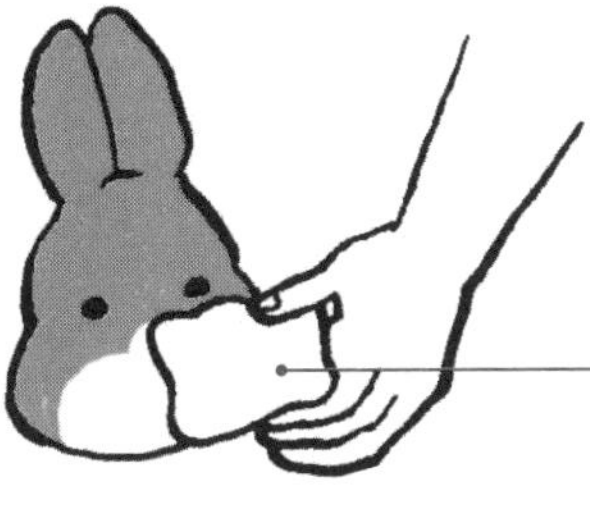

投薬のキホン③

点《てん》鼻《び》薬《やく》をさす

1

保定する

ひざに抱えるのが困難な場合は、床を使ってウサギの体を固定します。

バスタオルで包むのも一案

暴れるウサギはタオルで包むとおとなしくなります。

2

体勢を整える

床と片手でウサギを固定し、もう片方の手で点鼻薬を鼻に近づけます。

ひげに触らない

点鼻をするとき、鼻周りを触ってしまいがちですが、ウサギは鼻周りを触られることを嫌がります。特に、ひげはデリケートなので触らないようにします。

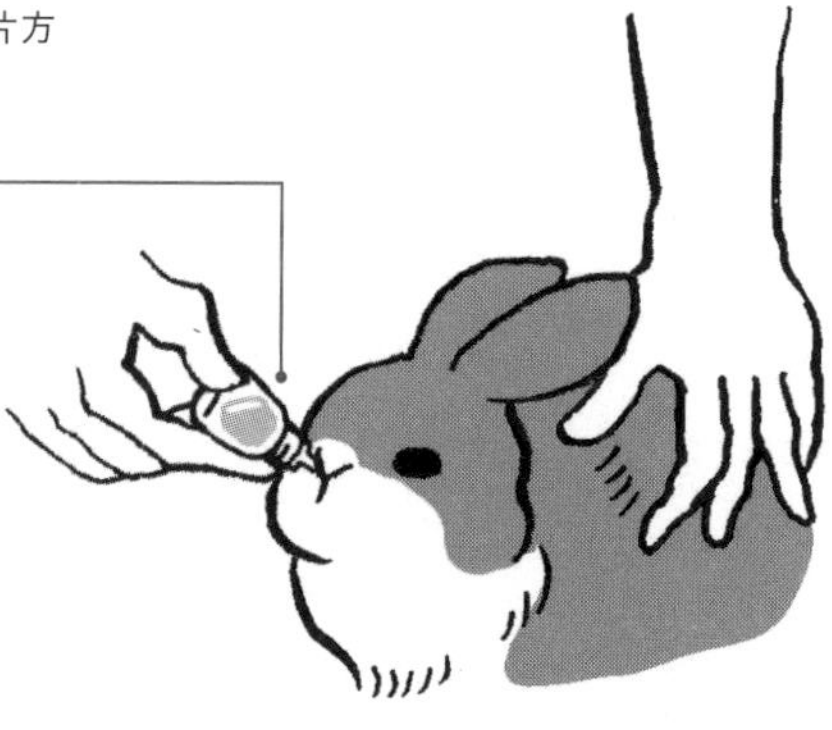

3

鼻の穴に垂らす

まずウサギの鼻先を軽く上に向けます。点鼻薬を鼻の穴の真ん中へと向けるようにして、垂らします。

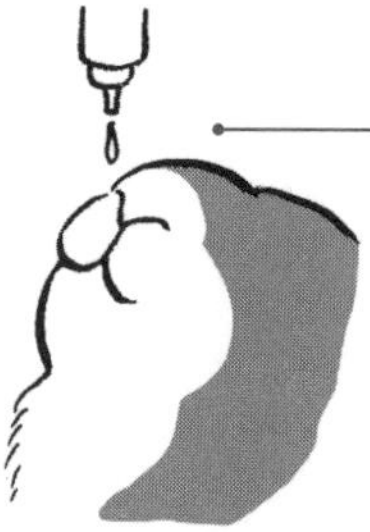

1、2滴で十分

点鼻は、1、2滴が適量です。病院で説明を受けた通りに使用しましょう。

おうちでするケア

強制給《きゅう》餌《じ》をする

1 ひざに抱える

ウサギをそっと抱きあげたら、ひざの上にのせ、片方の手で抱えておきます。

後ろ足キックに注意

ウサギは脚力がある動物です。抱っこした拍子に、後ろ足で蹴り上げられることもあります。爪が伸びたウサギに蹴られると、ケガをすることも。ケアの前には爪の手入れも忘れずに。

2 シリンジで与える

ふやかしたペレットなど流動食を入れておいたシリンジを、前歯の後ろに差し込み、ゆっくりと口の中へ流し込みます。

急に差し込まない

ウサギを驚かせないように、ゆっくりとシリンジを差し込みましょう。いきなり差し込むと、ケガのきっかけにもなりかねません。

3 暴れる場合はバスタオルでくるむ

ウサギが暴れてしまって、うまく抱っこできない場合は、顔以外の部分をバスタオルでくるんであげると落ち着きます。

穴暮らしの習性

もともと、ウサギは穴の中で生活する動物でした。その習性が残っているので、体を覆われると安心するのです。

とても高い？ ウサギの医療費

犬の年間医療費の平均は約10万円。ウサギも同程度かかるかもしれません。ペット保険に加入しない場合は貯金しておくと安心です。

犬や猫と同じくらいの医療費がかかる

ペットには国民皆保険のような制度がありません。そのため医療費は全額飼い主が負担することになります。ウサギは犬や猫と違い「エキゾチックペット」に分類されますが、医療費は犬や猫と同じくらいかかります。サイズは小さくても、血液検査やレントゲン撮影に同じ機器を使うからです。治療方法によっては医療費が高額になることもあります。任意のペット保険（P139）に加入すれば、プランに応じて負担額が減ります。

ペット保険を検討しよう

ペット保険によって補償されるのは通院や入院、手術にかかった医療費など。支払う保険料と補償内容のバランスを考えて選びましょう。

加入できるペット保険は限られている

ペット保険は損害保険会社や少額短期保険業者※に保険料を支払い、ペットの医療費がかかったときに保険金で補償を受けるものです。保険プランによって、医療費の補償割合や内容が変わります。ウサギが加入できる保険商品は限られています。そのほかにペット向けの共済制度もあります。

ウサギの年齢制限や健康状態によっては加入できない場合もあるので、保険を希望する方はなるべく早めに検討しましょう。

※　少額かつ短期の保険だけを取り扱う保険業者のこと。

COLUMN

4 健康診断って何をするの？

うちのウサギにいつまでも健康で長生きしてもらいたい――。そのためにも病気を早期発見できる健康診断が大切になります。

ウサギの健康診断で行う検査にはさまざまなものがあります。まずは視診、触診、聴診のみという簡易的な健康診断。見た目に健康上の問題がない1～3歳ぐらいまでのウサギなら、それで十分でしょう。4歳をすぎるとさまざまな病気にかかりやすくなるため、視診、触診、聴診に加えて、レントゲン検査、血液検査を行っておくと安心です。しかし、ウサギの採血やレントゲン検査は犬猫に比べると難しく、検査によってはパニックになって暴れる個体もいます。食欲があり便もちゃんと出ているなら、そういう個体では、無理してレントゲン検査や血液検査を受けさせる必要はないでしょう。

健康診断は、4歳までは年に1回、5歳以上なら半年に1回行うのが理想的です。5、6歳になると未避妊のメスは生殖器の病気のリスクが増加するため、必ず受けておきます。そして健康診断を過信しないことも大切です。健康診断を受けていれば病気にならないわけではありません。大事なのは、様子がおかしいと感じたら早めに動物病院へ連れて行くことです。

第5章

臨終前後に
してあげられること

看《み》取《と》り前の心構え①

最期を見守る家族にできること

ウサギのことを考え抜いて選んだ治療やケア、その決断に誤りはないのです。

家族で相談して選んだ決断を後悔しない

ウサギが最期を迎えたとき、もっとできることがあったのではないかと悔やんでしまうかもしれません。後悔で苦しまないためには、ウサギが元気なうちから、看取り期の治療やケアについて自分たちがどこまで行うのかを家族で十分に相談しておくことが大切です。

　長い時間を共に過ごしてきた飼い主は、ウサギの一番の理解者です。ウサギを思って下した判断なら、全て正しいといえるのです。

看取《みと》り前の心構え②

終わりがあると理解しておく

ウサギを飼ったときから、いつかは訪れる最期のことも意識しておきましょう。すべてを受け入れる覚悟を持っておくことです。

悲観的にならずに覚悟して受け入れる

永遠の命はありません。治療やケアを行う段階がすぎると、静かにウサギを見守る時間に変わります。

臨終を目の前にしたウサギの様子を見ていると、どうしてもつらい気持ちになるものです。しかし、動物を飼うというのは、楽しいことだけではありません。別れの悲しみも含め、責任を持って受け入れなければなりません。悲観的にならず、ウサギのために行ったことを振り返り、自分を肯定することも大切です。

最期をどこで迎えさせるかを決める

ウサギを入院させてギリギリまで治療するか、家に連れ帰って最期を過ごさせるか。ウサギに残された体力も考慮して決断します。

ウサギの安息を考えることも必要

ウサギの寿命が近づいているとき、動物病院に入院させて最期の瞬間まで治療を続けるのか、家に連れ帰って静かに看取《みと》るのか、決断が必要になることもあります。入院させる場合、最期に立ち会えないかもしれませんが、延命できることもあります。家に連れ帰る場合、容態が急変したときに対応はできませんが、腕の中で看取ることも可能です。飼い主の留守中に亡くなったとしても、ウサギは慣れ親しんだ場所で静かに旅立てます。

1
どこまで治療するのか獣医師と話し合う

臨終が近づいたときの対応を獣医師と相談します。慢性疾患や老衰で心肺停止になると、蘇生処置をしても体に負担がかかるだけで、息を吹き返さない場合が多いことを知っておきましょう。

天寿を全うするには

1日でも長く生き続けるために最期までがんばって治療するのか、残された時間を受け入れてできるだけ穏やかに過ごすのか、獣医師との相談するのはもちろん、家族ともよく話し合って決めましょう。

2
立ち会えない覚悟を決める

入院させる場合には、最期に立ち会えないと覚悟を決めましょう。今まで注いだ愛情や培ったきずなは強いものです。たとえ最期に立ち会えなくても、ウサギは心細く思っていないはずです。

何かあったときの連絡先を決めておく

容態が急変したときの連絡を動物病院にお願いしておけば、間に合う可能性もあります。

3
家に連れ帰る方法もある

ウサギが慣れ親しんだ家で看取るために、連れ帰ることも1つの方法です。寿命が近いウサギにギリギリまで積極的な治療を受けさせるのではなく家族のもとで安息を、という考え方もあります。

最期の場所を考える

最期を病院で迎えるのか、自宅で迎えるのか、どこで別れるのがウサギにとって最善かを考えます。

安楽死という選択もある

ウサギのことを第一に考えるのはもちろん、後悔しないことも大切。主治医や家族と相談したうえで、どうするかの判断を。

ウサギがつらいときは選択肢にもなりうる

痛みや呼吸困難でウサギが苦しんでいる場合、その苦しみから解放してあげるために、安楽死という選択もあります。大切なのは、ウサギがつらいと感じているかどうかです。食事も摂れない、排便・排尿もできないなど、ウサギが苦痛を感じている場合に、安楽死を考えるのは否定すべきことではありません。治療やケアには限界があるのです。後悔しないために大切なのは、十分に考えて決断することです。

1 主治医と相談する

最期を迎えるまでの時間、その間もウサギの苦痛は続くのか。ウサギの状態を理解している、かかりつけの獣医師とよく相談してみることです。

情報収集の大切さ

悩んだら、獣医師やウサギを飼っている友人など、いろんな人に相談して、それぞれの意見に耳を傾けましょう。

2 家族全員で話し合い決断する

家族全員で話し合い、それぞれの意志を確認します。1人でも反対意見があるならやめておきましょう。全員の同意を得ていることが大切です。

納得のいく選択を

家族で率直な思いをぶつけ、納得のいく結論を出しましょう。

3 選択したならみんなで見送る

家族全員が納得のうえで決断したのなら、最期はみんなで病院に集まり臨終に立ち会います。経験を共有することによって、お互いの悲しい気持ちを理解することもできます。

後悔のないように

家族の1人だけに最期の立ち会いを任せるのではなく、家族全員で見送り、気持ちを共有しましょう。

家族そろって自宅で見送る

お別れのときが近づくと、「何かしなくては」と力んでしまいがち。ウサギは変化を好まない動物。普段の生活の中で見送りましょう。

ウサギが何を求めているのかを考える

家で看取《みと》ることを決めたら、家族で静かに見守るように心がけましょう。特別なことをする必要はありません。ウサギがそれまでに暮らしてきた場所に寝かせて、ゆっくり過ごさせることが最も大切です。ウサギが落ち着けるように環境を整備しましょう。

別れの前に抱き上げたりなでたりしたい気持ちになるかもしれませんが、無理強いしてはいけません。ウサギが今までと変わらない日常を過ごし、安らかに眠れるように配慮しましょう。

最後まで変化を与えない

ウサギの嫌なことは、最後まで徹底してしないようにしましょう。

見守って
USAGI

1 いつもの場所で看取る

ウサギは変化を好まない生き物です。急な変化を与えないよう、今までと同じ場所で看取ります。ウサギの容態に気づけるように心配しながらも、そっと見守ることが大切です。

2 普段しないことはやらない

普段できなかったからとなでたり抱っこしたりしたくなるなど、ウサギへの愛情が高まる瞬間です。しかし、最期だからといって特別なことをするのはウサギのためになりません。

面会は１人まで
USA

弱ったウサギを温める

衰弱してきたウサギを温めることは悪いことではありません。毛布や動物用ヒーターなどで周りを温め、心地よい温度をつくってあげてください。

かたいきずなで
結ばれているから
大丈夫だよ

3 外出している間に旅立つかもしれない

飼い主の外出中に亡くなる場合もあります。それでも慣れ親しんだ家で最期を迎えられたウサギは、安心して旅立てます。それだけでも家で看取る意味があります。

時を見計らう

最期の瞬間に立ち会いたいのなら、なるべく看取り期間に入ったウサギを置いて外出するのは避けましょう。

命の終わりが近づくサイン

ウサギにあらわれた臨終のサインを見逃さないよう、ウサギの様子に敏感になります。心の準備をしておきましょう。

最期のサインをくみ取りそばで見守る

お別れが近づいてきたことを示すサインがあります。食事も水も飲み込めなくなる。血圧が下がり、呼吸が不安定になり、頭が下を向いてくる。そして最後に意識がなくなります。意識がなくなると、静かに眠るようにそのまま臨終を迎える可能性が高くなります。

病気によっては、けいれんしたり、暴れ回ったりするなど、静かに息を引き取ることがかなわない場合もあると覚悟しておきましょう。

1
サイン①
血のめぐりが悪くなる

最期が近づいてくると、血のめぐりが悪くなり血圧が下がります。口の粘膜部分が白っぽくなってきたら、血圧が下がっている証拠です。

お世話ありがとうね

最期のふんばりを見せることも

最期が近づくと、横たわったまま足をばたつかせたり、歯を食いしばったりして暴れる場合があります。

2
サイン②
呼吸が不安定になる

呼吸が浅く速くなる、あるいは深くゆっくりになるなど、呼吸の状態が不安定になってくると、最期が近い兆候といえます。

これからも
ずっと好きだよ

集中して観察する

表情を観察しながら、呼吸の深さを見ます。やさしく声をかけながら最期を見守りましょう。

3
サイン③
頭が下を向いてくる

臨終間際に意識がなくなると、前足が横に広がり、それまで上がっていた頭が床につきます。そのまま意識が戻らなくなり、昏睡状態となります。

頭が下を向くわけ

臨終間際に頭が下を向くのは、頭を持ち上げる力がなくなるからです。力なく横たわる場合もありますが、いずれも最期のサインといえます。

またね

なきがらをきれいにして安置する

遺体の処置は民間のペット葬儀会社に依頼してもOK。飼い主の手で行えば、自らの心の整理やウサギの供養になるかもしれません。

きれいにしてお別れの準備を

亡くなったウサギを前にするとつらくなるかもしれませんが、遺体を整えてあげたいものです。無理せず、飼い主ができる範囲で処置しましょう。長い年月を共にしたウサギのために、感謝の気持ちを込めて見送る準備をします。それまで十分に触れ合えなかった場合は、ウサギのぬくもりを感じられる時間になります。

膿瘍《のうよう》などの病気で体表の十分なケアができなかったウサギも、最期は汚れを拭いてきれいにしてあげましょう。

1
なきがらをきれいにする

動物病院で亡くなったときは、遺体処置が施されます。口の中などには綿を詰め、汚れているところは洗ってもらえます。

無理をしない

自宅で亡くなった場合でも、遺体はきれいにしてあげたいものです。とはいえ心の整理がまだついていないことも。家族や業者の人に頼んでも構いません。

2
棺を用意する

遺体をきれいにしたら、棺や代わりの箱を用意して安置します。暑い季節は遺体の傷みを防ぐために、保冷剤を入れておきましょう。

亡くなった直後にすること

手足から死後硬直が始まります。そっと手足を折り曲げ、眠りにつかせてあげてください。

3
棺の中に入れるもの

生前に使っていたタオルを敷き、好きなおやつを入れてあげましょう。火葬する前にプラスチック、金属、保冷剤は取り出します。冥福を祈る意味で花を入れてもよいでしょう。

棺の安置

なきがらの入った棺は、直射日光の当たらないところに安置します。

葬儀でウサギを送り出す

ペットのために葬儀を行う飼い主も多くなりました。供養のためだけでなく、気持ちに区切りをつけることにも役立ちます。

前もって情報を集めておく

ウサギの葬儀をすることに決めたら、民間のペット専門葬儀会社に依頼します。看《み》取《と》りの前後の慌ただしくつらい時期に、葬儀会社を探すのは大変かもしれません。できればウサギが亡くなる前に動物病院に相談しておき、信頼できる動物の葬儀会社を紹介してもらいましょう。ペットを見送った経験を持つ友人に聞くのもよい方法です。

葬儀や供養を行うか否かを含め、決まったルールはありません。家族で相談して決めましょう。

1
動物病院に信頼できる葬儀会社を紹介してもらう

動物病院に紹介された葬儀会社やペット霊園に火葬をお願いしましょう。事前に日時や費用を確認し、家族にとって最もよい葬儀を選びます。

葬儀業者の選び方

大切なウサギのためにも、説明を丁寧に聞いて業者を選びましょう。合同葬、個別葬など形式によって異なりますが、2万円程が金額の目安です。

2
自宅の庭を安住の地にする

庭や土地があるなら、そこに埋葬するのも1つの方法です。埋める穴が浅いとカラスや野生動物に掘り起こされる危険が。深く掘って遺体や遺骨を安置しましょう。

お骨にしてから埋葬する

ご近所へのにおいに配慮して、お骨にしてから埋葬するとよいでしょう。骨壺を手元に置いておく方法もあります。

3
寺院や霊園に納骨する

ペットの供養を行う寺院や霊園に納骨してもよいでしょう。離れるのはさみしい気持ちになるかもしれませんが、看取りを終えた区切りになります。

墓地への埋葬

共同墓地、個別墓地、納骨堂の立体墓地、粉骨の自然埋葬墓地などがあります。ウサギが安らかに眠れるよう、一番自分たちに合った方法を選びましょう。

COLUMN

5 セカンドオピニオン

飼い主さんは大切なウサギによりよい医療を受けさせたい、と願うものです。病気やケガで動物病院を受診して診断がついた後、「別の治療方法があるのでは？」と気になることもあるでしょう。人の医療では、医師に1回目の診断を受けた後、別の医師に2回目の意見を求める「セカンドオピニオン」が一般的になってきました。動物の医療でも同じように増えています。

しかし、セカンドオピニオンを誤って解釈している飼い主さんもいます。例えば、最初の動物病院で診断がついたものの「なんとなく不安」「自分に合わない」「説明がわからなかった」、といった理由で、別の動物病院を受診するケースも。これはセカンドオピニオンではなく「転院」です。

ウサギの病気やケガによっては、獣医師の説明が難しくなることもあります。しかし、ウサギを守れるのは飼い主さんだけ。よい治療を受けるために落ち着いて病気やケガに向き合い、治療方法の理解に努めること。わからないことは質問し、コミュニケーションを図ることも大切です。

1回目の説明を十分に理解してこそ、2回目の意見を求めることに意味があります。ウサギのために正しくセカンドオピニオンを受けましょう。

第6章

ペットロスを癒《いや》す

ペットロスの癒《いや》し方

ペットを亡くした悲しみが深い理由は、年下の存在が先に老い、旅立ってしまうからです。無理をせず、ゆっくり受け入れましょう。

死を受け入れ
少しずつ前に進む

ペットを失った悲しみのことを「ペットロス」といいます。つらい別れを思い出に変えるためには、ウサギの死を受け入れ、十分に悲しむことが大切です。「悲しい」という気持ちをあらわすことで大切な思い出に変わり、立ち直るきっかけになります。

悔いのない治療や看取りができた飼い主は、重度のペットロスに陥ることが少ないものです。終末期に最善を尽くすことが、その後の癒しにつながります。

1 悲しみは誰もが抱く感情

ペットを亡くした悲しみは、誰もが持つ気持ちとして社会的に認知されつつあります。後悔などの苦悩であるスピリチュアルペインは特別なものではないと、まずは自分の悲しみを肯定します。

素直な気持ちを尊重する

自分の気持ちに素直になって、ありのままの思いを吐き出しましょう。SNSやブログなどに綴ってもいいですし、人に打ち明けてもよいでしょう。話すことで、自分でも気づいていなかった心のひっかかりや悲しみの原因が明確になることもあります。

2 無理せずがんばりすぎない

喪失感によって、日常生活に影響が生じるかもしれません。無理せずがんばりすぎず、自分のペースで前に進みましょう。カウンセラーに相談してもよいでしょう。

時間がかかっても大丈夫

ゆっくりでもいいので、時間をかけてウサギと過ごした日々と向き合えば、楽しかった思い出として心に刻むことができるでしょう。

3 共感し合える人と喪失体験を話す

ペットを亡くした人に体験談を聞いたり、互いに思い出を話したりするのもよいことです。第三者に共感してもらうことが、立ち直るきっかけになります。

悲しみを人に話す

カウンセラーが交流会を開催していたり、ペットブログのオーナーがオフ会を開いていたりすることがあります。参加者は皆、ペットを失う悲しみを経験した人たちです。そんな人たちと思いを共有していくうちに、前向きになれる時間が増えるかもしれません。

つらさを受けとめる対話

悲しみを乗り越えるため、第一歩を踏み出しましょう。家族が元気を取り戻すことはウサギの供養にもなります。

悲しみから抜け出してウサギに感謝する

ウサギを看取《みと》って十分に悲しんだ後は、つらさを受けとめてペットロスから抜け出す準備を始めます。

つらさを受けとめるには、楽しかった思い出の写真を整理する、遺品や被毛で形見をつくるといった方法があります。納骨したペット霊園にお参りをしたり、遺骨が家にあれば花を供えたりして供養してもよいでしょう。楽しい思い出をくれたウサギへの感謝の気持ちを再確認すると、心の整理もつきやすくなります。

ウサギとの幸せな時間を思い出す

新しい出会いが、別れのつらさで閉ざされてしまうのはもったいないこと。ペットと過ごす楽しさを思い出します。

新たなペットが癒す ウサギを亡くした悲しみ

ペットロスから立ち直るために、新たな動物を迎える方法もあります。愛するウサギを失った悲しみは消えません。「前に飼っていたウサギに申し訳ない」という罪悪感を抱いたり、「別れがつらくてもう動物を飼いたくない」という気持ちになったりすることもあるでしょう。それらは自然なことですが、新たな出会いが心を癒してくれることもあります。ウサギとの日々を思い出に変えて、新たなペットとの暮らしを始めることも、幸せの形の1つといえます。

巻末ふろく

今日の体調記録

年　月　日　曜日

体重

kg

食べたご飯の量

主食：牧草　g

ペレット　g

副食：野菜　g

果物　g

飲んだ水の量

ml

おしっこの回数・状態

回数：　回

状態：色→

におい→

うんちの回数・状態

回数：　　　　　　　　　　　　　　　回

状態：色→
　　　かたさ→

体の状態

目：白目が白い・黒目に濁りがない
　　目やに　有・無

鼻：鼻水　有・無

体：足腰→
　　呼吸→
　　しこり　有・無

メモ※

※「ソファから落ちた」、「くしゃみをした」など異変があればその時間、回数、状況を記入してください。

巻末ふろく

老ウサギ標準値データ

体重や排泄の状態など、ウサギの不調が
あらわれやすい項目の正常値をまとめました。

体重（体を触ったときの状態）

やせすぎ：肋骨や背骨がゴツゴツとわかる
適　　正：肋骨や背骨がわずかにわかる
太りすぎ：肋骨や背骨がわからない

食べたご飯の量

主食：牧草→食べたいだけ与えてOK
ペレット→体重の1.5～3%が目安
副食：野菜→ペレット量の1割までなら食事に加えても大丈夫
果物→ごく少量に抑える

飲んだ水の量

1日の水分量の目安：体重1kg当たり約100ml

おしっこの回数・状態

おしっこの回数：24時間以内に2～3回

状態：黄色、オレンジ、赤、乳白色など食べたものによる

うんちの回数・状態

回数：1日1回以上（運動量により異なる）

状態：色→緑や茶色など食べている牧草に近い色

かたさ→やわらかすぎず、つぶすとボソボソと崩れる程度の硬さがある状態

体の状態

目：目が濁ったり、目の内部にクリーム色のかたまりがついたりしていない状態（P72）

鼻：鼻水やかさぶたがない状態（P76）

体：被毛→フケが出ていない状態（P82）、背中や足裏に脱毛がない状態（P84）

足腰→足をかばって歩いていない状態（P80）

しこりがない状態（P86、88）

おわりに

ここ数年、ウサギはとても人気のペットになり、それに比例するかのように、寿命も延びてきています。私が獣医師になった25年ほど前、ウサギの寿命は6〜7年くらいが普通でした。しかし、最近では10歳以上の子もめずらしくありません。この『ウサギの看取《みと》りガイド』も、初版から6年が経過したところで、ウサギを取り巻く状況も変化していることから、改訂版として出版することになりました。

長生きすればするほど、看護や介護が必要です。ウサギは、臆病で繊細な反面、いろいろな病気によく耐えてがんばってくれます。歯が悪くなり顔に膿瘍ができても、寝たきりになっても、飼い主さんの支えがあれば、その後も長く一緒にいられます。最近、「ウサギがいつもと違う様子だけど、これは病院へ行くほどの症状なのか？」と悩みながら来院される方が多いように思います。「いつもと違うな」と感じたら、まずは病院に電話したり、行っ

たりしましょう。インターネットで検索するより、正確な診断をしてもらうほうが安心できるはずです。

また飼い主さんの中には、最愛のペットの最期を考えていない方がいます。そして、いよいよの時に際し、どうしていいか迷い苦しみ自責の念に駆られ、身動きがとれなくなるのです。そういう方を見るたびに思います。「大好きで飼ったペットなのになぜ、そんなに苦しんでいるのですか。あなたが苦しんでもペットは救われませんよ」と。ペットの病気や老化、そして死は、決して苦しむものではありません。私は、それらを受け入れ、きちんと看取ることが飼い主さんの最後の責任だと思っています。

ウサギが元気なときにもし病気になったらどこまで治療を続けるのか、看取りをどう迎えるのかを考えておくのは、大切なことです。本書がそれを考えるきっかけや、一助になれば監修者としてとても嬉しく思います。

田園調布動物病院　田向健一

ウサギのきもちと病気
その対処法がマルわかり

ウサギの看取りガイド

増補改訂版

2023年11月9日　初版第1刷発行

監修　田向健一（田園調布動物病院院長）

発行者　三輪浩之

発行所　株式会社エクスナレッジ
〒106-0032
東京都港区六本木7-2-26
https://www.xknowledge.co.jp/

問合せ先　編集　Tel：03-3403-1381
Fax：03-3403-1345
info@xknowledge.co.jp
販売　Tel：03-3403-1321
Fax：03-3403-1829